AF234114

LA TRUFFE

ÉTUDE DES CONDITIONS GÉNÉRALES

DE LA PRODUCTION TRUFFIÈRE,

PAR

Ad. CHATIN,

Professeur de Botanique à l'École supérieure de Pharmacie de Paris,
Membre de l'Académie impériale de Médecine, etc.

> Si vous voulez des truffes, semez des glands.
> Comte de Gasparin.

> La culture de la Truffe consiste en un peuplement de chênes, par des glands truffiers, dans certaines conditions d'espacement, de sol et de climat.

> Le Climat de la Vigne est celui de la Truffe.

PARIS

IMPRIMERIE ET LIBRAIRIE BOUCHARD-HUZARD,
RUE DE L'ÉPERON, 5.

1869

LA TRUFFE.

LA TRUFFE

ÉTUDE DES CONDITIONS GÉNÉRALES

DE LA PRODUCTION TRUFFIÈRE,

PAR

AD. CHATIN,

Professeur de Botanique à l'École supérieure de Pharmacie de Paris,
Membre de l'Académie impériale de Médecine, etc.

Si vous voulez des truffes, semez des glands.
Comte DE GASPARIN.

La culture de la Truffe consiste en un peuplement de chênes, par les glands truffiers, dans certaines conditions d'espacement, de sol et de climat.

Le climat de la Vigne est celui de la Truffe.

PARIS

IMPRIMERIE ET LIBRAIRIE BOUCHARD-HUZARD,
RUE DE L'ÉPERON, 5.

1869

LA TRUFFE

ÉTUDE DES CONDITIONS GÉNÉRALES

DE LA PRODUCTION TRUFFIÈRE.

I.

Résumé historique.

Un rapport à la *Société d'encouragement pour l'industrie nationale,* Société dont la haute mission est de rechercher, encourager et propager tout ce qui peut ajouter à la richesse publique et au bien-être de tous, a été l'occasion des présentes études, dans lesquelles je me suis proposé, avec la connaissance plus complète du sujet, la recherche des données les plus sûres pour accroître un produit qui fait les délices de nos tables, est un aliment aussi sain que réparateur,

1.

et entre déjà dans le commerce de la France pour un chiffre premier de 16 à 18 millions, porté à 50 millions par les prix de consommation, et qui pourrait être doublé dans une période de quinze ans.

On pourrait dire de la Truffe que son histoire est celle de la civilisation elle-même. Commencée aux grands jours de la Grèce et de Rome, cette histoire paraît se perdre dans les ténèbres qui suivirent ; la Renaissance en marque la seconde époque ou le réveil ; la Régence, la troisième époque, caractérisée par la grande place qu'elle vient prendre sur la table du riche. Nous assistons maintenant à la quatrième époque de cette histoire : celle de la diffusion de l'usage de la Truffe dans les classes moyennes, et de l'application des méthodes de culture à la production d'un produit alimentaire dont la valeur est chaque jour mieux appréciée.

Connues successivement de Pythagore, de Théophraste, de Dioscoride qui les regardait comme des *racines* tubéreuses, opinion qui sera celle de son commentateur Matthiole ; de Cicéron, qui les nomme les *enfants de la terre*, tandis que Porphyre (célèbre philosophe à qui l'on doit une Vie de Pythagore) les appellera, trois siècles plus tard (environ l'an 250 de l'ère chrétienne), les *enfants des dieux ;* de Pline le naturaliste, qui les tient pour des *miracles de la nature*, des *callosités de la terre* ou de la *terre englobée*, et raconte que son ami Lartius Licinius, préteur de Carthagène quand il était lui-même gouverneur de l'Espagne, manqua, un jour, de se casser les dents en mangeant une truffe qui avait enveloppé, dans sa croissance, un denier romain : « *Mordenti tuber, ut deprehensus intus denarius primos dentes inflecteret;* » de Juvénal; de Galien, qui ne défendait point l'usage de ces *bulbes alimentaires* à ses augustes clients, Marc-Aurèle, Verus et Commode; les truffes sont encore mentionnées par l'Arabe Razi ou Rhazès, pour qui elles sont des *fruits potagers*; par Almaden, qui recommande d'en *semer la poudre;* par Enalius, qui les dit engendrées par *la pituite des arbres.*

On sait que telle était l'estime en laquelle les Athéniens tenaient la Truffe, qu'ils accordèrent le droit de cité aux enfants de Chérips, auteur d'une forme nouvelle de les apprêter.

La Grèce et Rome tirant principalement leurs truffes de Libye et d'Espagne, on peut croire que, si notre excellente truffe noire, cependant assez commune en Italie, ne leur était pas inconnue, elle était mêlée, confondue peut-être, avec d'autres espèces, comme cela arrive encore, de nos jours même, en plein Périgord, sinon à l'insu du marchand, du moins à celui de beaucoup de consommateurs.

On peut croire même que la Libye fournissait principalement le *Terfezia Leonis*, truffe blanche qui y croît en abondance et fait encore, aujourd'hui, les délices de l'Arabe, émule de l'Italien qui tient aussi en grande estime la Truffe blanche du Piémont (1).

Mais revenons à la Truffe noire.

L'usage alimentaire de cette reine des truffes s'introduisit, dit-on, d'Espagne en France au xıv° siècle ; mais presque aussitôt flagellé, ridiculisé par le poëte Deschamps, qui écrivait sous Charles VI, cet usage ne commence vraiment à se répandre que sous François I°ᵉ, qui y avait pris goût pendant sa captivité en Espagne ; toujours est-il que Bruyérin, médecin de François I°ᵉ, prit chaudement le parti de la Truffe contre ses détracteurs, qui disaient d'elle alors, comme, plus tard, d'autres le dirent de la pomme de terre, qu'elle n'était bonne que pour les cochons ! A Bruyérin donc l'honneur d'avoir été le Parmentier de la Truffe, pour laquelle il conseilla même une pratique agricole nouvelle, l'irrigation des truffières, afin d'accroître leur fertilité.

(1) La Truffe noire est inconnue en Algérie (Dʳ Cordier).

La diffusion de l'emploi de la Truffe ne s'opérait, cependant, que lentement, quand les fins dîners de la Régence, dont la Truffe, que l'auteur de la Physiologie du goût devait, plus tard, nommer le *diamant de la cuisine*, faisait toujours partie, la mirent tout à fait à la mode. Inutile d'ajouter qu'elle ne perdit pas, sous Louis XV, la grande faveur en laquelle l'avait tenue Philippe d'Orléans.

La Truffe avait pris, en France, une importance qui devait s'accroître encore. Pour satisfaire aux nouveaux besoins, elle fut cherchée et découverte dans presque toutes nos provinces.

Mais la production naturelle était devenue elle-même insuffisante; on voulut y ajouter par la culture. Or, où les données qui semblaient les plus rationnelles : la multiplication de la Truffe par la Truffe elle-même, déjà recommandée par l'Arabe Almaden, échouèrent, malgré les variations les plus ingénieuses dans les procédés, une pratique empirique, presque contraire, dans les apparences, au sens commun, pratique due aux paysans du Ventoux, donne, on le verra plus loin, des résultats, sans doute entourés encore de quelque mystère au point de vue de la science, mais, en pratique, si constants, qu'il faut bien compter avec eux.

II.

Pays où croissent les Truffes.

Les truffes croissent en des pays fort divers. Bro-
tero en a trouvé à la Guadeloupe. Elles ne manquent
pas en Asie, aux environs de Damas surtout, où,
suivant Chabrée, on en consomme dans la saison,
par jour, la charge de dix chameaux. On les connaît,
depuis longtemps, en Italie, en Grèce (celles de Lesbos
étaient renommé ., et en Espagne; on les a signalées en quelques endroits de l'Allemagne, de l'Angleterre (comté de Northampton, etc.) et aux États-
Unis. Quoi qu'il en soit de ces citations, la vraie
Truffe noire est une production, sinon exclusivement,
du moins essentiellement française.

On peut dire, en effet, de la Truffe qu'elle appartient à presque toutes les provinces de l'empire.
Abondante dans la Guyenne, la Provence, le Dauphiné, le Poitou, dans le Languedoc et la Gascogne,
elle existe aussi dans le Limousin, le Nivernais, la
Franche-Comté, la Champagne, la Bourgogne, le
Berry, la Lorraine, l'Alsace (?), la Savoie, etc. La
nature du sol, celle des boisements et leur étendue,

l'altitude et la latitude des lieux paraissent marquer seules les limites de la production truffière (1).

III.

Origine ou nature propre de la Truffe.

D'où procède la Truffe? quelle est sa nature propre?

Quoique résolue pour les naturalistes, cette question, de nouveau agitée, attend une solution qui s'impose à tous, même aux écrivains qui consacrent encore leur talent à propager des hypothèses, parfois spécieuses et séduisantes, mais inacceptables pour la science. C'est pour concourir à cette solution que j'ai visité les principales régions truffières, où j'ai étudié sur place les conditions de la production, et recueilli les opinions de tous ceux, trufficulteurs, rabassiers ou chercheurs de truffes, négociants et savants, qui pouvaient m'éclairer de leurs observations personnelles, ou des remarques suggérées par des rapports de chaque jour avec les hommes du métier.

(1) Cet article, que nous abrégeons à dessein pour éviter des répétitions, se trouve complété par celui (§ XIII) consacré à la statistique de la production truffière.

Les diverses opinions formulées sur la nature de la Truffe peuvent être groupées sous les chefs suivants :

La Truffe est :

a. — Le produit d'une fermentation de la terre.

b. — Une excroissance ayant pour origine première un suc tombé des feuilles.

c. — Un tubercule ou renflement des racines de divers arbres.

d. — Un fruit souterrain.

e. — Une galle due à la piqûre des radicelles par divers insectes.

f. — Un champignon parasite.

g. — Un champignon non parasite.

Je reprends chacun de ces points de vue.

a.— L'opinion suivant laquelle la Truffe serait un conglomérat produit par une sorte de fermentation du sol et de ses détritus organiques, déjà formulée par Pline, est encore celle de M. Lasalvetat, le premier négociant en truffes de Périgueux, et de quelques propriétaires de truffières du même pays. Voici les paroles mêmes de M. Lasalvetat, près de qui je cherchais à m'éclairer : « Ces tubercules s'en-
« gendrent, dans tous les sols favorables, sous l'in-
« fluence de la chaleur et de l'humidité déterminant
« une fermentation. La Truffe se forme d'abord *pro-*

« *fondément* dans les entrailles de la terre, puis elle
« *monte* peu à peu vers la surface. Les arbres ne
« favorisent leur développement *que par leur*
« *ombre;* aussi leur nature est-elle indifférente, et
« tout autre ombrage pourrait-il donner le même
« résultat; la preuve en est dans la découverte, faite
« par le médecin Murat et rapportée par M. Verghes,
« pharmacien à Martel, de truffes venues à *l'ombre*
« *d'une église.* »

M. Delamotte, secrétaire de la Société d'agriculture de Périgueux, m'a cité, à l'appui de cette hypothèse, le cas de truffières observées par lui à plus de 25 mètres de tous arbres ou, sur la pente de collines, à plusieurs mètres *au-dessus* de chênes dont les racines ne pouvaient remonter, chênes qui, d'ailleurs, étaient quelquefois séparés de la truffière par des rochers placés aussi en amont, et rendant absolument impossible la *remontée* des racines.

Mais trop de faits et de considérations péremptoires sont contraires à la théorie de la génération des truffes par la fermentation du sol, pour que les cas cités en sa faveur ne doivent être mis sur le compte d'observations imparfaites.

b. — Enalius attribuait la production des truffes à la *pituite des arbres;* hypothèse reprise par le curé de Réoville (près Grignan), pour qui les truffes ont

pour premier germe la chute d'un suc exsudant des
feuilles du Chêne. Ce suc, tombant sur le sol en fines
gouttelettes, à mesure de sa formation, ou entraîné
par la rosée et les pluies, serait l'origine de la Truffe.
Le point de départ de cette hypothèse fut la découverte d'une truffe dans du marc de raisin que contenait un tonneau défoncé placé sous un chêne et en
recevant les égouttures; sa confirmation serait dans
l'observation, exacte en elle-même, que la truffière
suit fréquemment, dans le sol, un périmètre corres-
pondant à celui de l'extrémité des rameaux ou de la
partie feuillue de l'arbre. Sans rechercher la cause
de la présence d'une truffe dans le tonneau de marc
de vendange, je ferai remarquer que l'explication
acceptée par l'honorable, mais trop crédule curé de
Réoville est de toutes la plus improbable, et que,
quant à la relation entre la position des truffes dans
le sol, à une distance du pied de l'arbre correspon-
dant à la périphérie du feuillage de ce dernier, elle
est une conséquence naturelle de la présence des
truffes dans la région du chevelu des racines, et
dans le parallélisme qui existe très-souvent, comme
chacun le sait, entre la portée des rameaux et celle
des racines. Mais ce parallélisme n'est pas constant,
et si, alors, comme on le voit souvent pour les
chênes placés en bordures des vignes, etc., les ra-

cines, favorisées dans leur élongation par l'amoublis-
sement du sol, étendent leurs racines bien plus loin
que leurs rameaux, c'est à l'extrémité de celles-là,
bien au delà de la zone d'égoutture des feuilles,
que correspondent les truffières.

Il est inutile de s'arrêter davantage à la réfutation
d'une hypothèse qui se place à peine, par son in-
vraisemblance, au-dessus de celle de la fermentation
de la terre (1).

c. — L'opinion dans laquelle les truffes seraient
de simples tubercules des racines s'appuie sur ce fait,
qu'on les trouve quelquefois adhérentes aux racines.
Mais on peut objecter : 1° que cette adhérence, qui
devrait être la règle, ne se présente que si exceptionnellement, que la collection de truffes adhérentes,
formée lentement et péniblement par M. Bressy,
pharmacien à Pernes (Vaucluse), est considérée
comme une collection aussi curieuse que rare ;
2° qu'il *n'y a pas de continuité* organique, ainsi
que je l'ai établi par des préparations anatomiques,
entre les prétendus tubercules et les radicelles qui
ne s'y trouvent qu'accidentellement engagées, et sont

(1) Si, au lieu de la pituite des feuilles, le curé de Réoville
eût parlé de la pituite (ou excrétion) des racines, il se fût
rapproché davantage de la vérité, en ce sens du moins que
celle-ci contribuerait à la nutrition de la Truffe.

même, quelquefois, remplacées par des ramilles, des pétioles de feuilles, etc., accidentellement enfouis dans le sol, puis enveloppés, englobés par les truffes dans leur accroissement; 3° qu'il n'y a aucun rapport, ni de développement, ni de structure, ni de composition chimique entre les tubercules vrais et les truffes : les premiers étant vasculaires, celles-ci purement utriculaires; les premiers étant riches en tannin et en principes amylacés, les truffes, au contraire, chargées de matières protéiques ou azotées.

L'abbé Paramelle, si habile à découvrir les sources, admet la nature tuberculeuse des truffes, et suppose que la production de celles-ci serait consécutive aux blessures accidentellement faites aux radicelles; de sorte qu'on serait maître d'augmenter cette production en faisant aux racines du Chêne de petites entailles. Sans consacrer à l'hypothèse de M. l'abbé Paramelle une réfutation qui me semble inutile, je ferai remarquer que, s'il était vrai que la Truffe fût une production hypertrophique déterminée par la lésion des racines, sa recherche à la pioche, qui amène de multiples contusions, dilacérations et sections de ces organes, devrait augmenter la production, tandis qu'il est, au contraire, notoire que ce mode de recherche est au plus haut point destructeur des truffières.

d. — La Truffe est un fruit souterrain. — Dans cette opinion où la Truffe serait une sorte de gland souterrain, l'adhérence aux racines devrait aussi être la règle.

Notons seulement que cette opinion a été exprimée par des personnes déclarant qu'elles se font honneur de ne pas être des savants : cela se voit bien.

e. — L'idée que la Truffe est une galle se développant sur les racines à la suite de la piqûre d'une mouche paraît être depuis longtemps répandue, quoique d'une façon vague, parmi les paysans de la Provence et du Dauphiné, où les rabassiers désignent sous le nom de mouches des truffes (*mouscous des rabassos*, en Provence ; *mouchei de le triffes*, en Dauphiné) plusieurs diptères qui leur indiquent la présence des truffes et qu'ils croient utiles à la production de celles-ci.

Dégagée de toute interprétation et limitée à la question de fait, la présence de mouches sur les truffières a été constatée, non-seulement par les rabassiers ou truffiers, mais aussi par des savants (MM. Bosc, Tulasne, Gubler, Goureau, etc.), dont le témoignage ne saurait être récusé.

Énoncée vaguement par Dumont, formulée avec doute par B. Robert, la théorie de la Truffe-galle prend une forme arrêtée dans les écrits de M. Martin-Ravel.

Dumont, dans l'exposé de ses voyages en France et en Italie publié en 1699, rapporte que, suivant un avocat provençal nommé Clary, « les truffes se pourrissent dans la terre au commencement de l'été, et de leur corruption s'engendre une grande quantité de papillons d'une espèce particulière servant à la génération de nouvelles truffes. Cela arrive par le frai de ces animaux dans de certaines fentes qui se produisent au lieu où étaient les truffes et où celles-ci, les crevasses s'étant fermées, viennent l'année d'après. »

La théorie de la galle est ici bien confuse encore, d'autant plus que Dumont, revenant à une pensée de Pline, dit ailleurs : « Les truffes sont un amas d'un certain suc de la terre. »

En 1847, M. B. Robert écrivait à l'Académie des sciences : « C'est à l'extrémité des filaments capillaires et imperceptibles des racines que naissent les truffes, lesquelles ne paraissent en aucune manière être fixées à la terre, *aut saltem capillamentis,* comme le dit Pline. Pourrait-on admettre, par analogie, qu'elles doivent leur naissance, comme la noix de galle, à la piqûre de quelque insecte ? »

Mais c'est M. Martin-Ravel qui expose avec détails,

dans deux brochures publiées en 1857, la théorie de la Truffe-galle qu'il précise et regarde comme sa découverte. Adoptée par le docteur Labrunie, de Cazillac (Lot), et surtout par M. Jacques Valserres, publiciste distingué, qui l'a fort répandue parmi les gens du monde, cette théorie mérite un examen sérieux, lequel ne saurait être d'ailleurs qu'une réfutation.

J'ai vu à Montagnac son auteur, M. Martin-Ravel, et s'il ne m'a pas convaincu, du moins puis-je témoigner de sa parfaite honorabilité, de sa bonne foi, de ses convictions, qui vont jusqu'à l'enthousiasme, de sa science pratique de truffier, et des services qu'il rend chaque jour à son pays, tant en propageant les bonnes méthodes de culture qu'en assurant des débouchés avantageux à la production truffière.

Je fais aux brochures de M. Martin-Ravel quelques emprunts :

« La piqûre de la mouche truffigène au chevelu
« produit la Truffe. La truffigène voltige *tout l'hiver*,
« à la hauteur de 30 à 40 centimètres, sur la place
« des truffières, autour des chênes producteurs, pé-
« nètre dans la terre, pique les extrémités du che-
« velu pour déposer ses œufs ; la piqûre détermine
« le jet d'une goutte d'eau laiteuse azotée ; si
« quelques gouttes se touchent, elles se soudent et
« produisent de grosses truffes bossues dont la gros-

« sour et le nombre des bosselures sont en rapport
« avec le nombre des galles réunies entre elles. La
« Truffe étant formée, la radicelle piquée meurt et la
« Truffe grossit avec le secours de la terre et de l'air.
« Ainsi s'explique l'absence de radicules.

« La Truffe est d'abord blanche, puis grise, brune,
« noire ; elle *contient toujours les œufs* de la mouche
« truffigène, les larves ne se développent qu'à un
« certain moment de la maturité ; elles deviennent
« chrysalides, puis mouches, pour recommencer la
« série des générations. La génération n'est arrêtée
« que par le défaut de chaleur pour l'éclosion de la
« ponte ; mais, commencée, elle se continue sans
« interruption pendant six à sept mois, et cette
« multiplication des insectes devient innombrable.

« Il existe plusieurs mouches truffigènes, et celle
« qui produit la Truffe noire n'est pas la même que
« celle qui produit la Truffe blanche. Il y a autant
« de variétés de mouches que de variétés de truffes ;
« on les reconnaît bien à l'état de larve.

« Dans les années où la Truffe gèle en terre, la
« mouche, les larves et les œufs périssent ; dans ce
« cas, la reproduction se fait par les truffes qui, pla-
« cées plus profondément dans la terre, n'ont pas été
« atteintes par la gelée.

« Quoique nous assimilions la Truffe à une galle,

« nous reconnaissons qu'elles contiennent des prin-
« cipes différents. La galle forme dans l'air de l'acide
« gallique et du tannin en fixant l'oxygène, la Truffe
« fixe l'azote et forme de l'osmazôme ; celle-ci con-
« tient autant de principes nutritifs que la viande,
« et, si elle devenait abondante, elle pourrait parfai-
« tement y suppléer. Elle est vraiment un produit
« animal.....

« *Lors même qu'il serait reconnu que la Truffe,*
« *au lieu d'être une galle, ne serait qu'un champi-*
« *gnon, la truffigène aurait encore pour rôle de*
« *porter en terre les spores appelées à être fécondées*
« *par le contact du chevelu ou peut-être d'ouvrir la*
« *terre pour laisser pénétrer ces semences* (1).

« Toujours est-il que point de mouches, point de
« truffes. On ne sera pas étonné que les mouches
« truffigènes existent continuellement sur les truf-
« fières, puisque leur génération s'opère successive-

(1) Ces mots, que je souligne, sont un abandon complet
de la théorie de la galle ; ils témoignent de doutes qui se
seraient emparés de l'esprit de M. Ravel. — Pour qui connaît
les spores de la Truffe, hérissées de petites papilles qui, par
la dessiccation, se recourbent, comme je l'ai vu souvent, *en
crochets,* tous les insectes truffivores peuvent aider à leur
dissémination. M. Ravel serait donc ici dans le vrai.

« ment par la maturité des truffes qui s'achève vers
« la fin d'avril.

« Depuis des siècles nos paysans sont guidés dans
« la recherche des truffes par les mouches truffigènes
« que M. B. Robert désignait, il y a dix ans, sous le
« nom de tipules... »

M. Jacques Valserres, qui a mis au service de l'hypothèse de la production des truffes par la piqûre des
mouches tout son talent et la publicité d'un grand
journal (*le Constitutionnel*), se fortifie dans l'opinion
de M. Ravel par ces considérations : qu'on ne peut
reproduire la Truffe en la déposant dans le sol, qu'elle
soit entière ou réduite en parcelles; qu'on n'a jamais
assisté à la germination de ses prétendues graines ;
qu'on la trouve, en cherchant avec soin, souvent
adhérente aux racines du Chêne; que si, dans les
hivers rigoureux, des truffes échappent à la gelée, ce
sont précisément celles qui sont encore en continuité
avec les racines, dont elles partagent la faculté de résistance à l'abaissement de la température.

La croyance à la mouche truffigène était telle, en
ces derniers temps, que beaucoup de personnes ayant
fait des plantations de Chêne sollicitèrent l'envoi de
mouches truffières pour rendre celles-ci fécondes ! Et
cependant, les objections à l'hypothèse de la galle.

sont nombreuses et péremptoires. J'en énumère ci-après quelques-unes.

1° On n'est pas d'accord sur la nature de la mouche. Les uns la disent grise, les autres jaunâtre, etc.; pour les uns elle est petite comme un moucheron, pour les autres grosse comme celles qu'attirent les cadavres en putréfaction. Plusieurs admettent que les mouches truffigènes appartiennent à de multiples espèces, même pour la Truffe noire seulement, qui aurait autant de variétés de mouches qu'elle compte de variétés d'essences forestières (et je dirai plus loin combien le nombre en est grand), ce qui est peu d'accord avec ce que nous savons des galles, produites chacune par un insecte spécial.

2° Les mouches truffigènes sont, assure-t-on, communes même en hiver. Cependant on n'a pu me les montrer nulle part en février et mars 1868, pas même M. Martin-Ravel, de Montagnac, qui m'a fait assister, par un temps splendide et avec un empressement dont je ne saurais assez le remercier, à une belle récolte de truffes dans ses jeunes plantations.

Il est toutefois acquis qu'on voit, mais surtout en été et en automne, des mouches sur les truffières. Mais ces mouches, qu'on trouve en compagnie de beaucoup d'autres insectes, viennent, comme ces derniers, pour dévorer la Truffe, nullement pour la produire en piquant les radicelles. L'organisation même de ces insectes les éloigne, ainsi que l'a fort bien établi mon savant ami M. le docteur Laboulbène, de la classe des insectes galligènes.

3° La Truffe est une galle. — Mais alors, comme l'a fait remarquer l'un des premiers M. Léon Dufour, on devrait trouver dans la Truffe, soit l'œuf déposé par la mouche, soit la larve provenant de cet œuf; tout au moins devrait-on observer plus tard la *galerie de sortie* de l'insecte. Or je peux affirmer, d'après des coupes multiples, qu'aucune larve ne prend naissance à l'intérieur de la Truffe, et que les galeries qui souvent sillonnent celle-ci vers l'époque de sa maturité ont leur point de départ extérieur.

4° Des larves se voient fréquemment dans la Truffe. — Oui, sans doute; mais sur les truffes mûres, et généralement même en décomposition; de génération récente, ces larves n'ont pas d'autre origine que celles qui se développent sur les viandes, sur les cadavres des animaux que les mouches ont visités. On comprend, d'ailleurs, que la Truffe, très-animalisée comme l'indique assez l'odeur ammoniacale qu'elle exhale en se putréfiant, serve, comme le Cèpe, l'Oronge, et beaucoup d'autres champignons, à la nourriture d'animaux qui trouvent en elle, physiologiquement, une véritable substance animale.

5° Les adhérences quelquefois constatées entre les truffes et des racines, adhérences dont je dois plusieurs spécimens à MM. Rousseau et Martin-Ravel, qui avaient bien voulu, à ma demande, les faire rechercher parmi les milliers de kilogrammes de truffes qui, chaque année, passent dans leurs importantes maisons de commerce, sont considérées par les partisans de la mouche truffigène comme une démonstration de la vérité de leur hypothèse.

Mais j'objecte : 1° qu'il serait bien surprenant que, si la Truffe était réellement une galle, celle-ci adhérât si rarement à la racine piquée ; de telle sorte que le fait cité se retourne contre ceux qui l'invoquent (1) ; 2° que ``ailleurs, il résulte de mes observations anatomiq.. (voir la pl. i, fig. 1 à 1''', 2) que les adhérences observées sont purement accidentelles et fausses ou de nature trompeuse, en ce sens qu'elles ne présentent que contiguïté, mais non continuité organique entre la Truffe, prétendue galle, et la racine prétendue piquée, que la racine est toujours engagée

(1) On ne trouve assurément pas une fois l'adhérence sur 3 000 truffes examinées, et c'est en vain que les partisans de la Truffe-galle soutiennent pour les besoins de la cause, sans preuve aucune, et même contre toutes les observations, que la galle encore jeune se détacherait de la racine.

dans la Truffe comme un séquestre, et que ce séquestre, regardé comme étant dans tous les cas une radicelle de l'arbre trufflier, peut être très-variable, comme racine de plante herbacée, débris de racine de chêne desséchée et depuis longtemps séparée de la plante, brindille de branche engagée dans le sol par les labours, et, en un mot, un de ces séquestres mécaniquement enveloppé par la Truffe, dans sa croissance, comme ces pétioles de feuilles, fétus de paille ou tiges de graminées que nous voyons souvent engagés dans le tissu des champignons qui viennent à la surface du sol, dans les bois ou les prairies. Parfois les séquestres des truffes sont même de petits cailloux, et l'on n'a pas oublié que Licinius, préteur de Carthagène, manqua de se casser les dents en mangeant une Truffe qui contenait un denier romain.

La démonstration que la prétendue adhérence organique des truffes aux racines est controuvée, que les radicelles ou autres corps traversant celles-ci ne sont vraiment que des séquestres étrangers, enlève à la théorie de la galle les seuls faits de quelque valeur sur lesquels elle pût s'appuyer.

6° M. Jacques Valserres explique la résistance plus grande à l'action du froid de certaines truffes placées dans le voisinage d'autres truffes qui ont éprouvé la congélation, par cette considération que les truffes ainsi préservées le seraient par le fait de leur adhérence à des radicelles de chêne qui entretiendraient, dans la masse même de celles-ci, la température propre en raison de laquelle ces racines résistent au froid.

Mais d'abord il n'eût pas été inutile d'établir que les radicelles des arbres ne doivent pas elles-mêmes leur résistance au froid, moins à une température propre plus élevée que celle des truffes, qu'à leur organisation plus sèche et plus ligneuse; en second lieu on peut objecter que la plupart des truffes qui ont résisté à la gelée ne portent pas trace de radicelles adhérentes, l'immunité dont elles ont joui s'expliquant, d'ailleurs, ici par la profondeur à laquelle elles sont placées, là par la nature moins conductrice du sol, ailleurs par leur propre état de sécheresse. J'ai, d'ailleurs, observé un assez grand nombre de truffes que les gelées avaient frappées seulement dans l'une de leurs moitiés, la supérieure ordinairement, comme la plus rapprochée de la surface.

7° Si la Truffe est une galle, pourquoi l'insecte qui la produit ne pique-t-il les radicelles que lorsque les chênes sont âgés de 6 à 8 ans environ?

8° Les piochages ou labours profonds détruisent les truffières souvent pour une longue suite d'années; cependant il reste du chevelu l'année même du labour, et ce chevelu n'est jamais plus abondant que l'année suivante. Pourquoi la mouche truffigène ne le pique-t-elle pas, alors qu'elle peut se frayer facilement une route dans le sol ameubli ? Peut-être objectera-t-on qu'il faut aux mouches moins un chevelu fin et abondant que des racines plus fortes ; mais alors comment ces fortes racines disparaissent-elles si bien durant le développement de la Truffe, que celle-ci à la maturation n'en présente plus de traces ?

9° Comment expliquer par la vie toute localisée de la Truffe-galle, laquelle tirerait exclusivement sa nourriture de l'arbre même, cette destruction des herbes, cet effritement du sol des truffières, visibles souvent plusieurs années avant que les truffières ne soient en production, — phénomènes qui n'ont plus rien d'inexplicable dès qu'on se rapporte au travail d'une végétation spéciale et épuisante, telle qu'on la comprend par le mycelium d'un champignon souterrain ?

10° Les partisans de la galle se fortifient dans leur opinion en disant que jamais on n'a vu germer les truffes ; que, dès lors, il n'est pas sérieux de prétendre que celles-ci sont munies de graines.

Mais ils n'ont pas vu davantage, je suppose, la germination du Cep (*Boletus edulis*) et de la Morille (*Morchella esculenta*), ce qui ne les empêche pas d'admettre que ce sont de vrais champignons, dont l'hymenium porte des myriades de graines ou spores.

Je recommande, en terminant, les deux objections suivantes aux partisans de la Truffe-galle :

11° M. Laboulbène a établi, en 1864, dans un excellent mémoire *sur les Insectes tubérivores*, que « *pas un des insectes vivant dans la Truffe n'est* GALLIGÈNE, » ou producteur de galles. Les noms de ces insectes sont parfaitement connus des naturalistes, et sur ce point les doutes élevés par MM. Martin-Ravel, J. Valserres, etc., n'ont rien de fondé. Ni les muscides (*Helomyza, Curtonevra, Anthomyia, Cheilosia, Phora*), ni les tipulaires fongicoles (*Sciaria*), ni les coléoptères (*Anisotoma, Bolboceras, Rhizotrogus, Phylloperta*), etc., trouvés sur les truffières ou dans les truffes, ne sont gallicoles; c'est un point hors de discussion pour toute personne non étrangère à l'entomologie.

12° On connaît une galle des racines du Chêne, une vraie galle qui se forme à la suite de la piqûre du *Cynips aptera*, Fabr.; mais cette galle, qui n'a aucune ressemblance avec la Truffe, adhère à la racine qui l'a produite, et dans sa structure entrent, avec du tissu cellulaire, des fibres et des vaisseaux, savoir les éléments mêmes du tissu ligneux des racines, plus une forte proportion d'acide tannique. Cette galle présente toujours une cavité où est né le diploptère gallicole, et il n'est pas douteux qu'elle ne fût regardée comme un mets bien maigre, même par les partisans de la mouche.

f. — La Truffe est un champignon parasite. — Ce qui précède nous conduit indirectement à voir dans la Truffe un champignon, mais est-elle un champignon parasite? C'est là l'opinion d'un certain nombre de savants et d'habitants des contrées truffières, notamment de M. Bressy, de Pernes en Vaucluse.

Nous ferons tout d'abord très-nettement une distinction trop souvent négligée, même des botanistes. Pour plusieurs de ces derniers, en effet, une plante est parasite quand, comme un grand nombre d'orchidées des tropiques, de champignons, etc., elle vit sur des parties *mortes* d'autres végétaux, feuilles, écorces, bois, etc., ou même dans l'humus provenant de la décomposition de celles-ci. C'est là un point de vue très-faux, tout végétal parasite qui mérite réellement ce nom devant vivre aux dépens de la vie d'autres espèces, auxquelles il prend les matériaux de nutrition qu'elles avaient élaborés pour alimenter leur propre existence. C'est bien comme tel que M. Bressy considère la Truffe qui, pour lui, vivrait toujours soudée aux radicelles du Chêne, dont elle tirerait sa substance.

Mais on objectera avec raison que l'adhérence des truffes aux radicelles devrait être constante, tandis qu'elle n'est que très-rarement observée, malgré les soins qu'on peut mettre à sa recherche. Or cette objection, déjà puissante, l'est cependant moins encore que celle tirée de l'observation attentive des rares cas d'adhérence, cas que l'on démontre, surtout en s'aidant du microscope, n'être dus qu'à des circonstances fortuites, aucune connexité anatomico-physiologique n'existant entre les tissus de la Truffe et ceux des radicelles, toujours en simple contiguïté.

En vain l'opinion qui admet le parasitisme essayerait-elle de s'appuyer de cette circonstance que les truffes prendraient, dans une certaine mesure, l'arome des plantes qui seraient leurs nourrices, car cette relation (qui, d'ailleurs, n'est pas incontestable) s'expliquerait d'une façon satisfaisante par le faux parasitisme ou le développement des Truffes dans les produits excrétés et les détritus des racines, feuilles, etc., enfouis dans le sol même où elles se développent.

Notre conclusion est donc que la Truffe n'est pas un parasite vrai.

g. — La Truffe est un champignon non parasite. — On vient de voir cette proposition se dégager de toutes les hypothèses contraires, s'affirmer de tous les faits, de toutes les considérations inconciliables avec une autre conclusion. La Truffe est bien un champignon, et un champignon non parasite, dans la vraie acception de ce terme ; seulement elle est souterraine ou hypogée, comme tout l'ordre naturel auquel elle appartient.

En dehors des faits qui conduisent indirectement à voir un champignon dans la Truffe, les preuves directes tirées de l'organisation intime, du développement et même de la composition chimique l'établissent de la façon la plus absolue. Les naturalistes n'ont, d'ailleurs, pas varié d'opinion à cet égard depuis que les plantes ont été distinguées dans leurs caractères propres et leurs grandes divisions naturelles.

Si l'on objectait que l'on n'a pas encore observé la germination de la Truffe, je demanderais si l'on connaît mieux celle de beaucoup de champignons épigés dont on ne conteste pas cependant la nature.

Et si l'on s'étonnait de la lente évolution des spores qui, dans les truffières créées par la culture, semblent attendre cinq ou six ans ou même huit à neuf ans, pour montrer leur appareil de fructification, je rappellerais comme analogue l'évolution bien autrement lente du *Goodyera repens*, cette jolie orchidée de montagne, qui fleurit pour la première fois en 1854 dans la forêt de Fontainebleau, sous les pins du mail Henri IV, et dont les germes (presque ténus comme les spores de la Truffe) avaient été apportés avec les graines des pins confiées au sol quarante ans auparavant. Or ces quarante années avaient été employées par les pins à produire, par la décomposition périodique et successive de leurs feuilles, un humus dont l'existence, à l'état de couche d'une certaine épaisseur ou richesse, était nécessaire à la montée à fleur de l'orchidée, qui jusque-là n'avait eu qu'une végétation assez obscure pour échapper à la vue des nombreux botanistes qui, tous les étés, explorent le lieu même où elle s'essayait en quelque sorte à vivre en attendant le jour où elle montrerait ses fleurs à leurs yeux étonnés. Depuis lors, la masse de l'humus spécial n'ayant fait que s'accroître, le *Goodyera* végète chaque année avec vigueur et donne régulièrement ses fleurs.

N'est-ce pas là l'histoire des truffières, lentes à se former sous les jeunes plantations dont les détritus ou résidus des radicelles, etc., de chaque année doivent élever, à une certaine puissance, l'humus spécial que réclame la Truffe, et qui se maintiendront, s'accroîtront même, à partir du moment où elles auront marqué pour la première fois?

Peut-être devrait-on rapporter à cet ordre de faits l'apparition, en 1867, de l'Oronge vraie (ce délicieux champignon commun au delà de la Loire) dans les bois des Essarts-le-Roi, où elle a reparu sur la même place en 1868. Cependant j'estime qu'ici la plus grosse part doit être faite aux conditions climatériques annuelles.

Je termine en précisant l'opinion à laquelle je me suis arrêté sur les agents de développement que le Chêne (1) fournit à la Truffe.

Il est évident que la base de toute appréciation est dans ce fait, que la Truffe est toujours dans le voisinage immédiat des radicelles, dans la zone même du chevelu des racines, qui parfois l'entoure de toutes parts. Ajoutons qu'il est d'observation générale que la destruction partielle des radicelles et, par suite, du chevelu qu'elles portent est une cause de perturbation pour les truffières, de stérilité plus ou moins grande, plus ou moins prolongée, ainsi que ne le savent que trop les propriétaires dont les maraudeurs ont fouillé les bois, piochant à la hâte toute la place occupée par la truffière et détruisant ainsi, avec les racines, les produits de l'avenir.

L'extrémité chevelue des racines n'est donc pas seulement indispensable à la production truffière, il faut que sa masse soit assez abondante, assez ancienne

____

(1) Ce qui est dit ici du Chêne s'applique naturellement à tous les autres arbres truffiers.

(comme l'établit le temps considérable que mettent les truffières à se former dans les jeunes plantations), qu'elle soit, en résumé, élevée à une certaine puissance dont les facteurs sont, d'une part, la masse actuelle des radicelles, d'autre part l'ancienneté de leur existence.

Or le chevelu des racines, comme les feuilles des rameaux, tombe et se renouvelle chaque année, formant ainsi dans la terre, de ses détritus accumulés, l'humus spécial que réclame le développement de la Truffe.

Mais les racines ne contribuent-elles pas autrement que par leur décomposition à la formation de cet humus? On sait qu'elles ont la faculté de rejeter dans le sol, par voie d'excrétion, non-seulement des matières minérales, mais encore certains composés organiques.

Or ces composés, qui varient avec les espèces végétales, ne peuvent-ils être tels dans le Chêne, etc., qu'ils complètent, avec les débris des racines, la formation du terreau des truffières? On se confirme dans cette opinion en considérant que, s'il suffisait des matériaux fournis par la décomposition des racines, la production des truffes se continuerait plus ou moins longtemps après l'année qui suit la mort des arbres, ce qui n'a pas lieu.

Les organes souterrains de l'arbre truffier n'agissent donc qu'à la condition de vivre, et dès lors n'est-on pas conduit à admettre de leur part une influence *ac-uelle,* laquelle ne se comprend bien, dès qu'il a été prouvé qu'il n'y a pas de parasitisme vrai, que par le dépôt dans le sol des truffières d'agents de végétation fournis, versés par les racines?

Peut-être, d'ailleurs, les excrétions des racines expliqueraient-elles mieux que les produits de leur propre décomposition les qualités particulières attribuées par beaucoup de rabassiers aux truffes, suivant l'espèce de l'arbre près duquel celles-ci se sont développées (1).

Les feuilles ajouteraient, d'ailleurs, à la fertilité du sol des truffières ; mais leur rôle s'efface évidemment devant celui des racines ; autrement on ne comprendrait pas que les truffières, au lieu de se localiser dans la zone de ces dernières, ne s'étendissent pas indifféremment partout où se décomposent des feuilles.

D'après une remarque assez générale, que j'ai entendu formuler avec précision par M. Foucault,

(1) Le recepage d'un arbre ou seulement l'élagage de ses grosses branches arrête la fertilité de la truffière. Pourquoi? La formation du chevelu serait-elle atteinte, les excrétions suspendues? Il y a là un sujet digne de recherches.

intelligent trufficulteur du Loudunois, la Truffe com-
mencerait ses développements en juillet. Or, cette
époque de l'entre-deux séves étant justement celle
qui succède au premier mouvement de la végétation
et précède la séve d'août, on comprendrait bien qu'elle
correspondît à la période de plus grande excrétion
qui suit le principal travail de nutrition. Cette considération vient à l'appui du rôle attribué ici aux excrétions des arbres truffiers.

IV.

Caractères botaniques.

La famille des Tubéracées, à laquelle appartient la
Truffe, a pour caractères généraux : Réceptacle plus
ou moins sphérique, charnu, indéhiscent et non sé-
parable du parenchyme sans déchirement, lisse ou
verruqueux, pourvu ou non d'un mycelium persistant. Parenchyme ou chair composé : 1° d'un tissu
cellulaire condensé sous forme de membranes té-
nues et anastomosées qui imitent des veines; 2° d'un
tissu cellulaire simple parsemé de sporanges arrondis,
ovoïdes ou allongés, sessiles ou munis d'un court

funicule, transparents, renfermant d'une à huit spores rondes ou ovales, lisses ou papilleuses. Habitat hypogé ou souterrain.

Le genre *Tuber,* type de la famille et ayant à son tour pour représentant principal la Truffe noire, se compose de champignons non parasites, à réceptacle verruqueux, à sporanges globuleux ou oblongs, membraneux, souvent appendiculés. Quant à la Truffe proprement dite, dite aussi Truffe noire, Truffe franche, Truffe des gourmands, *Tuber* de Pline, *Hydnum* de Théophraste et de Dioscoride, c'est le *Lycoperdon Tuber* de Linné, le *Tuber cibarium* de Sibthorp et de Bulliard, le *Tuber melanosporum* de Vittadini et de Tulasne. Ses caractères essentiels sont les suivants :

Réceptacle (peridium ou enveloppe) d'un noir brunâtre verruqueux, à verrues prismatiques polygonales souvent marquées de taches couleur de rouille; masse charnue (gleba) d'un noir violet ou rougeâtre, parcourue de veines d'abord blanchâtres, puis rougeâtres, que borde, sur chaque côté, une ligne pellucide; sporanges ou capsules souvent prolongés en un appendice caudiforme et contenant de quatre à six spores, parfois d'une à trois seulement; spores elliptiques, arrondies, opaques, noirâtres, hérissées de courtes papilles conoïdes aiguës. Odeur très-diffusible et des plus agréables, ainsi que la saveur (*odor et sapor gratissimi*).

L'analogie portait à penser que la Truffe n'est autre chose que la fructification du *Tuber melanosporum,* fructification qui serait précédée par un mycelium, bien connu dans quelques autres Tubéracées, et qui serait à la Truffe elle-même ce qu'est le blanc de champignon au champignon de couche (*Agaricus campestris*), avec cette différence que le mycelium de ce champignon est persistant, tandis que celui de la Truffe ne serait que temporaire ou transitoire, son rôle étant de fournir seulement aux premiers développements du tubercule.

C'est qu'en effet, quand on récolte la Truffe, on ne trouve autour d'elle aucune trace de mycelium.

Mais, et c'est là une des observations importantes faites par M. Tulasne, le mycelium de la Truffe existe réellement, et peut être vu, vers les mois d'août et de septembre, dans le sol des truffières sous la forme de petits filaments blancs, articulés, les uns épars dans le sol, les autres pressés et comme feutrés autour de la Truffe, à laquelle ils forment une enveloppe protectrice.

Les fouilles que j'ai pratiquées cette année aux environs de Loudun (au Grand-Poncé, commune de Beuxe), dans les riches truffières de M. Foucault, m'ont permis de reconnaître la présence de filets blancs dispersés dans le sol; mais je n'ai pu, peut-être à cause de la saison déjà avancée, trouver la coiffe feutrée qui a dû entourer les truffes. Celles-ci, qui avaient atteint presque toute leur grosseur, étaient d'un beau noir au dehors, encore blanches ou grisâtres à l'intérieur et à peu près inodores; chez plusieurs de celles que je récoltai et que je conservai dans une petite quantité de la terre des truffières, la chair passa au brun dans les dix ou douze jours qui suivirent, en même temps que leur arome se développa sensiblement (1).

La Truffe mûre est marbrée de veines sinueuses étroites qui, dans la jeune truffe, sont larges et bordent des cavités irrégulières communiquant entre elles pour aboutir finalement à une ou plusieurs ouvertures ou dépressions de la surface. A mesure que la Truffe se développe, ces cavités sont envahies et remplies par une végétation utriculaire au milieu de laquelle se forment les sporanges, remplis à leur tour par les spores ou graines (2).

(1) Placées très-près de la surface du sol, qu'elles soulevaient et fendillaient, ces truffes étaient évidemment fort avancées dans leur maturation.

(2) Bulliard et, après lui, Turpin, assimilant la Truffe à un être vivipare, nommaient *truffinelles* les spores, qu'ils regar-

La Truffe noire croît sous un grand nombre d'es-

daient comme de véritables petites truffes déjà munies de
tous les organes qu'on y verra plus tard, et n'ayant d'ailleurs
plus qu'à grossir, sans passer par la germination.— Afin de
donner au fait de l'existence d'un mycelium dans la Truffe
la double autorité de l'auteur de la découverte et de la compétence de l'éminent botaniste qui en fit l'objet d'un rapport
à l'Académie des sciences, j'emprunte à ce dernier les lignes
suivantes. M. A. Brongniart s'exprimait ainsi : « On pouvait
donc admettre presque avec certitude (par les observations
faites sur les *Delastria, Terfezia,* surtout dans le genre
très-voisin des *Elaphomyces*) que les truffes proprement dites
avaient aussi un mycelium produisant ces corps charnus,
mais se détruisant promptement pour les laisser continuer
à s'accroître isolément. C'est, en effet, ce que des observations
suivies avec soin dans les truffières du Poitou ont démontré
à M. L. R. Tulasne, qui a vu, dans le courant de septembre,
le sol de ces truffières traversé par de nombreux filets blancs,
cylindriques, bien plus ténus qu'un fil à coudre ordinaire,
et cependant composés eux-mêmes de filaments microsco-
piques cloisonnés de 3 à 5 millièmes de millimètre de dia-
mètre. Ces filets blancs se continuent avec un mycelium
byssoïde, floconneux, de même nature, qui entoure les jeunes
truffes, et forme immédiatement autour d'elles comme un
feutre blanc de quelques millimètres d'épaisseur, dont les
filaments se continuent directement avec la couche externe
de la jeune truffe, alors à peine grosse comme une noix. »
(Ad. Brongniart, *Comptes rendus de l'Académie des sciences,*
XXXI, p. 876, 1850.)

4.

sences ligneuses, mais principalement sous le Chêne
Yeuse et le Chêne pubescent.

V.

De quelques Truffes autres que la Truffe noire.

Bien que j'aie spécialement en vue la Truffe noire,
je dois mentionner, à sa suite, quelques autres espèces non sans importance, et qui tantôt la remplacent dans certaines saisons ou dans des pays donnés, tantôt lui sont mélangées dans le commerce,
soit par le hasard de la récolte, soit, et ce cas est
fréquent, avec une intention frauduleuse. Ces espèces
sont les suivantes.

Tuber brumale, Vittadini et R. Tulasne. — Truffe
musquée du Périgord, Truffe musquée ou puante, pu-
dendo de Provence, Truffe-punaise ou Truffe-fourmi
des Piémontais, Truffe musquée et Truffe vermande
du Poitou. D'un rouge ferrugineux avant sa maturité, elle est alors connue en Provence sous le nom
de *rougeotte;* ses caractères sont :

Enveloppe verruqueuse, et à la fin plus ou moins
nue (?); chair d'un cendré noir, parfois grise ou bis-

trée; veines blanches, plus rares et plus grosses que dans la truffe noire (1); sporanges multiples pressés entre eux et constituant seuls presque toute la masse charnue; spores plutôt roussâtres que noires, et plus transparentes qu'opaques. D'odeur spéciale, forte et un peu musquée-alliacée, la Truffe musquée vient sous un assez grand nombre d'arbres, principalement sous la Charmille, le Noisetier et le Chêne. MM. Ravel et Rousseau m'ont assuré que les arbres qui la produisent ne donnaient pas en même temps la Truffe noire, comme si les deux espèces de truffes s'excluaient des mêmes pieds ou individus. M. Rousseau a de plus fait une remarque qui tendrait à faire admettre l'influence de la terre sur la production de telle ou telle espèce. Il a en effet remarqué, et m'a fait constater avec lui, que tous les chênes d'un petit cantonnement de sa culture de Carpentras produisent exclusivement la Truffe musquée; or le sol de ce cantonnement est précisément formé de remblais provenant des curages du fossé qui borde la grande route.

Tuber rufum, de Pollini, Fries, Vittadini et Tulasne. — Truffe rousse; Truffe grise ou sauvage du

____

(1) Les négociants la distinguent très-bien à ses veines rares, grosses et souvent dilatées à leurs extrémités.

Poitou, Truffe dite noire de la Champagne et de la Bourgogne.

Plus petite que le *Tuber melanosporum*, cette espèce, à chair d'ailleurs d'un brun roux et à marbrure moins prononcée, a une saveur et une odeur agréables, quoique assez faibles. Commune en Poitou, surtout aux environs de Civray et de Blanzy, où elle vient aux mêmes lieux que la Truffe noire, elle paraît croître principalement sous le Noisetier, le Charme et le Chêne pédonculé? (Guitteau.) Peu estimée en Poitou, où elle peut être comparée à la vraie Truffe noire qui y croît aussi, cette espèce est recherchée dans la Haute-Marne, où elle est assez abondante, ainsi que la Truffe blanche (A. Passy). C'est principalement sous le Chêne Rouvre qu'on la trouverait en ce dernier pays.

Tuber mesentericum, de Vittadini et de Tulasne.— Truffe grosse fouine et petite fouine de Bourgogne et de l'île de France, samaroquo des Condomois.

Tubercule arrondi, de volume moyen, noir, à verrues anguleuses peu élevées, chair bistre ou gris-brun marquée de veines à contours rappelant ceux du mésentère (1); sporanges à quatre ou six spores; spores brunâtres, elliptiques, réticulées–alvéolées.

(1) Parfois à veines grosses, courtes et à petits ilots.

D'odeur peu agréable, et ordinairement marquée d'une large anfractuosité vers sa base, cette truffe, spéciale aux régions du Nord, se trouve en Angleterre, en Allemagne, en Bohême, en Normandie, dans la Champagne et la Bourgogne ; elle est assez commune, en automne et en hiver, aux environs mêmes de Paris, notamment au bois de Vincennes (terrasse de Charenton et coteau de Beauté, entre Joinville et Nogent).

La Truffe-fouine possède une odeur forte, non sans quelque analogie avec celle de la levûre de bière. On la trouve fréquemment sous les bouleaux, ainsi que la Truffe blanche d'été.

Tuber æstivum, de Vittadini et de Tulasne ; *Tuber albidum,* de Fries.—Truffe blanche, Truffe d'été, de la Saint-Jean du Poitou et de la Bourgogne, messingeonne du Dauphiné, blanche ou maïenque de Provence.

Extérieurement fort semblable à la Truffe noire, cette truffe est arrondie-irrégulière, d'un noir brun à verrues grandes un peu surbaissées et striées en travers ; la chair, d'abord blanche, passe plus ou moins au bistre clair ou jaune d'argile ; les veines sont nombreuses et souvent arborescentes ou anastomosées en dendrites ; les sporanges, assez souvent vides, peuvent contenir d'une à six spores elliptiques, brunâtres, réticulées-alvéolées, les alvéoles étant grandes et peu nombreuses

La Truffe d'été vient sous le Chêne, la Charmille, le Noisetier et le Bouleau. Ordinairement mûre en mai-juillet dans le midi de la France, en juillet-août dans le nord, elle a été trouvée en automne et en hiver à Charenton et à Nogent, près Paris, au pied des bouleaux, mêlée à la Truffe mésentérique, dont elle se rapproche aussi par son odeur forte qui rappelle celle de la levûre de bière. M. Tulasne l'a aussi observée en hiver dans le Poitou, en même temps que les truffes noire et musquée, ainsi que l'indique la citation suivante empruntée à son beau travail : « *Præcedentium (Tuber melanosporum et T. brumale) comes æstate, hieme; vulgo aput Pictones*, Truffe de la Saint-Jean. »

Il ne faudrait pas croire cependant que les truffes blanches observées en automne et surtout en hiver soient toujours le *Tuber æstivum* : car, cette année même, la Truffe blanche que j'ai le plus souvent rencontrée dans le Périgord, le Languedoc, la Provence et le Dauphiné était l'espèce suivante, qui en est très-distincte, et que je nomme *Tuber hiemalbum*.

Tuber hiemalbum. — Truffe blanche d'hiver.

Le *Tuber hiemalbum*, ou la Truffe blanche d'hiver, a été confondu jusqu'à ce jour avec la

Truffe blanche d'été, dont la production paraît se continuer quelquefois jusqu'à la saison froide. Il a pu aussi être pris pour la Truffe noire arrêtée à ses premiers âges. Cependant il diffère beaucoup de l'une et de l'autre; plus rapproché toutefois de la Truffe noire par la structure papilleuse et non réticulée-alvéolée de ses spores et l'époque de sa maturation, de la Truffe d'été par la couleur blanche de sa chair. Ses caractères généraux sont :

Réceptacle noir, verruqueux, fragile (1); chair blanche presque spongieuse; sporanges assez souvent vides; spores de 1 à 6, elliptiques (plus allongées que dans le *Tuber melanosporum*), papillifères, mais non alvéolées-réticulées, faiblement teintées de fauve.

La Truffe blanche d'hiver vient principalement au pied des chênes. D'une odeur assez prononcée, elle est fort bien décelée, comme la Truffe blanche d'été, par les chiens et les cochons qui d'ordinaire ne découvrent la Truffe noire que lorsqu'elle est arrivée à maturité.

Tuber magnatum, de Pico et de Tulasne. — *T. griseum*, de Person.—Truffe grise, de Borch, Truffe

____

(1) Au moment de la maturation, ce réceptacle se brise et se détache aisément par écailles, qui laissent à nu la chair blanche de la Truffe.

grise ou aoustenque (?) et gros nez de chien (?) des Provençaux, Truffe blonde, Truffe à l'ail, Fiorini et Truffe blanche du Piémont, Hydnum de Dioscoride, suivant Paulet.

Truffe grosse (pesant souvent de 250 à 500 grammes), lobée-anguleuse; réceptacle ocracé, pâle, presque lisse; chair teintée de jaune, marbrée de veines très-ténues, réticulées; sporanges à 1-3 spores seulement; spores largement alvéolées-réticulées.

Cette espèce, qui mûrit en automne, mais est mangée dès juillet, en Italie, sous le nom de *fiorini*, croît solitaire sous les chênes, les peupliers et les saules. Commune en Italie, elle vient aussi en Provence où elle est rare; son odeur est à la fois alliacée et analogue à celle de certains fromages; sa saveur, un peu savonneuse, peut être rendue agréable par certaines préparations culinaires; elle se dessèche aisément.

Napoléon préférait, dit-on, cette Truffe à la Truffe noire.

Parmi les vrais *Tuber* ou Truffes, je dois mentionner encore les espèces suivantes :

Tuber rapæodorum, à réceptacle lisse et fauve, comme dans l'espèce précédente; cette Truffe a été trouvée à Bougival et à Meudon.

Tuber excavatum, du Poitou, du Périgord, du Dauphiné, etc., Truffe musquée de la Drôme, petit nez de chien de Provence (?). Truffe petite, marquée d'une ou plusieurs dépressions. Réceptacle de couleur fauve, assez finement réticulé au dehors, blanchâtre dans son épaisseur, corné; chair bistre, coriace; spores arrondies-elliptiques; papilles courtes et obtuses.

En dehors des *Tuber*, mais toujours dans l'ordre des tubéracées, je citerai encore pour leurs usages alimentaires :

Le *Melanogaster variegatus* de Tulasne, *Tuber moschatum* de Bulliard. C'est la Truffe musquée de quelques lieux du Dauphiné, la Truffe gemme du Poitou et de la Touraine. Le réceptacle, de couleur bistre et finement réticulé, est épais, subcorné, et recouvre une chair brune, que coupent de multiples veines blanchâtres imitant les mailles d'un fin tissu cellulaire.

Le *Terfezia Leoni* de Tulasne, Terfez ou fécule de terre des Arabes, ancien *Tuber niveum* de Desfontaines; etc.

VI.

Arbres et arbustes truffiers.

Chacun sait que de toutes les essences forestières

les chênes sont les plus favorables à la production de la Truffe; mais on trouve celle-ci sous beaucoup d'autres végétaux dont les principaux appartiennent, comme les chênes, à la grande famille des Amentacées, plusieurs à la famille des Conifères, quelques-uns aux Rosacées, etc.

On n'a trouvé la Truffe sous aucune dicotylédone herbacée, sous aucune plante monocotylédone ni dans la dépendance de végétaux cryptogames.

M. de Lamotte, secrétaire général de la Société d'agriculture de Périgueux, m'ayant assuré qu'on pouvait trouver la Truffe sous la plupart des arbres, le Châtaignier, le Peuplier et le Noyer exceptés, j'ai pris de nombreux renseignements et fait des recherches desquels il ressort : que le Châtaignier produit assez souvent des truffes; que le Peuplier en donne quelquefois; qu'on n'a que des observations négatives quant au Noyer.

Il n'est pas douteux que la liste des espèces tant truffières que non truffières ne puisse être étendue; en même temps que, d'autre part, le nombre des végétaux regardés comme produisant la Truffe noire pourra être réduit par des observations établissant que certains d'entre eux n'abritent que d'autres espèces de truffes.

Il est, d'ailleurs, évident qu'il doit y avoir généralement exclusion entre la Truffe, qui réclame un sol sec et calcaire, et les végétaux qui ne prospèrent que dans les terres humides et siliceuses. Tel est le Châtaignier, arbre essentiellement silicicole, et dont la présence est en effet *habituellement* exclusive de celle des truffes. Tel est le Peuplier, arbre des lieux humides. Mais que le Châtaignier vienne à croître dans une terre où une certaine quantité de chaux se mêle à la silice, le Peuplier dans un lieu sec et d'ailleurs calcaire, et la Truffe pourra trouver sous ces arbres, dans ces conditions pour eux exceptionnelles, celles de son propre développement (1).

C'est à d'autres causes qu'il faut rapporter l'absence de Truffes sous le couvert des arbres calcicoles des lieux non humides, tels que le Noyer. L'Olivier, qui croît dans la Provence aux mêmes lieux que les chênes truffiers, souvent mêlé à eux dans les champs et sur la bordure des bois, ne produirait jamais, ou presque jamais, de Truffes, suivant les renseignements que j'ai recueillis.

J'énumère ci-après les chênes et les autres arbres sous lesquels des Truffes auraient été trouvées.

(1) Je viens de voir se réaliser cette conjecture pour le Peuplier blanc.

A. — Des chênes.

a. — Chênes à feuilles caduques.

1. — *Quercus pubescens,* Willd.; — *Q. Robur, δ lanuginosa,* Lam. et D. C.; — *Q. sessiliflora,* β Smith. — Chêne gris, Chêne noir du Poitou et du Périgord, Chêne blanc de Provence. J'ai reconnu que cet arbre, qui se distingue du vrai Chêne Rouvre par sa tige plus tortueuse et plus courte, restant longtemps buissonneuse, par ses feuilles d'abord tomenteuses et à la fin au moins pubescentes à leur face inférieure sur les nervures, est, parmi les chênes à feuilles caduques, l'espèce essentiellement truffière. Bien connu des habitants du Loudunois, qui l'emploient *exclusivement* au peuplement de leurs bois truffiers, le Chêne pubescent, analogue au Chêne Yeuse par la lenteur de sa croissance, est le seul parmi les espèces à feuilles caduques que j'aie vu abritant des truffières en Poitou, dans le Périgord et la Provence. C'est donc à lui qu'il faut rapporter presque tout ce qui a été dit du Chêne Rouvre comme essence truffière. Du moins, depuis que mon attention s'est portée sur cet objet, n'ai-je jamais vu de truffières sous ce dernier. Si je ne me trompe, c'est là une observation capitale pour la pratique de la trufficulture, peut-être aussi pour sa théorie.

Comme les chênes verts Yeuse et Kermès, le Chêne pubescent est bien l'arbre des garigues, des galuches, des rocailles arides.

2. — *Quercus pubescens ß pedunculata*. — Chêne blanc du Loudunois. Cet arbre, d'un port élancé, à glands plus arrondis que ceux du *Quercus pubescens* et portés sur des pédoncules ordinairement longs de 1 à 4 centimètres, m'avait été signalé par les propriétaires du Loudunois sous le nom de Chêne blanc, comme se plaisant dans les lieux frais et ne donnant pas de Truffes, dernière qualité qu'expliquerait suffisamment son habitat. Je m'attendais donc à trouver en lui le *Quercus pedunculata* quand je constatai une bonne variété du *Quercus pubescens*, ou même une espèce qui, à part ses pédoncules moins longs que dans le *Quercus pedunculata*, est au *Quercus pubescens* ce qu'est ce dernier au *Quercus sessiliflora*.

Il est encore bien digne de remarque que cet arbre, comme le *Quercus pedunculata* vrai, est d'un port élevé et ne prospère que dans les lieux frais. On en voit une belle futaie à Beuxe, près les marais et sur la route de Loudun à Chinon, à l'endroit où est la ligne de séparation entre le département de la Vienne et celui d'Indre-et-Loire.

Je voudrais qu'on vérifiât par l'expérience si, planté sur les galuches, le *Quercus pubescens β pedunculata* ne donnerait pas de Truffes.

3. — *Quercus sessiliflora,* Smith. — Rouvre, Chêne noir, Chêne à fruits sessiles. Analogue au Chêne pubescent par ses fruits sessiles et comme lui désigné sous le nom de Chêne noir, il a une croissance plus rapide, une tige plus droite, des feuilles glabres. Très-répandu en France, où il se plaît dans les terres saines plutôt sèches que fraîches, il a passé jusqu'à ce jour pour être la principale espèce truffière ; mais, ainsi que je l'ai dit en parlant du Chêne pubescent, le rôle du Chêne Rouvre dans la production des Truffes est au moins singulièrement amoindri en faveur de ce dernier.

4. — *Quercus pedunculata,* Willd. — Chêne blanc, Secondat, Chêne pédonculé. Le plus grand de nos chênes, cet arbre, qui n'atteint à toute sa taille que dans les sols frais, a des fruits longuement pédonculés et des feuilles glabres différant de celles du Chêne Rouvre par leur caducité beaucoup plus grande, fait aussi bien connu des chasseurs que des forestiers.

On cite des chênes blancs comme produisant des Truffes en Poitou (Guitteau) et en Périgord (docteur Labrunie). Jusqu'à un certain point en désaccord avec l'habitat de cet arbre dans les lieux frais, ces indications demandent à être vérifiées, surtout en Poitou, où le nom de Chêne blanc s'applique aussi à une variété du *Quercus pubescens*.

b. — Chênes verts.

5. — *Quercus Ilex*, Lin. — Yeuse, Chêne vert, Eousé. Cette espèce, qui donne beaucoup de Truffes en Provence, et forme la base des cultures truffières de Carpentras, produirait, suivant M. Rousseau, dont l'opinion est surtout contestée en Périgord, des Truffes préférables à celles des chênes à feuilles caduques.

6. — *Quercus pseudo-Ilex*. — On trouve, mêlé et confondu avec l'Yeuse, un Chêne vert lui ressemblant par la taille, mais à feuilles non tomenteuses en dessous. J'ai vu, à Carpentras et ailleurs, des Truffes sous cette fausse Yeuse, fort semblable au Chêne faux Kermès, mais à fruits annuels au lieu d'être biennes dans leur maturation. Le nom de *pseudo-Ilex* me paraît rappeler ses ressemblances tout en conservant sa distinction spécifique.

7. — *Quercus coccifera*, Lin. — Chêne Kermès. Ce petit arbuste, dont les buissons n'atteignent pas ordinairement à 1 mètre de haut, produit des Truffes

très-parfumées que M. Rousseau croit pouvoir distinguer de celles de l'Yeuse par le diamant encore plus fin de l'enveloppe. Il est très-propre à former des haies défensives, lesquelles ont l'avantage de donner une récolte de Truffes.

Le Chêne Kermès offrirait, d'ailleurs, l'avantage de produire des Truffes dès sa quatrième année, tandis que pour l'Yeuse il faut attendre cinq à six ans, et, pour les chênes à feuilles caduques, sept à huit ans, ou même plus longtemps, la précocité de la production truffière étant ainsi en raison inverse de la taille des arbres.

On n'a pas signalé la Truffe sous d'autres chênes que ceux mentionnés ci-dessus ; mais il n'est pas improbable qu'on la trouve un jour sous les espèces suivantes :

Quercus Tozza, Bosc.-Tauzin ; du pied des Pyrénées et des landes de l'Ouest ;

Quercus apennina, Lam. ; de quelques collines pierreuses du midi de la France ;

Quercus Cerris, Lin. ; de l'Ouest et du Jura ;

Quercus Fontanesii, Guss ; du Midi ;

Quercus Suber, Lin. ; chêne-liége du Midi ;

Quercus occidentalis, Gay ; du Midi et de l'Ouest.

B. — Végétaux truffiers autres que les chênes.

1. — *Corylus Avellana*, L. — Noisetier, Coudrier.
Le Noisetier est, après les chênes, l'essence forestière
sous laquelle la Truffe se trouve le plus fréquemment.

La Truffe du Noisetier, assez commune dans la
Drôme et l'Isère, est de fort bonne qualité. Je me
souviens d'avoir vu récolter, durant de longues
années, des Truffes près d'une grosse cépée de noisetiers existant dans le jardin de M. Lacombe, à
Tullins (Isère). C'est sous le Noisetier que croît surtout, dans la Haute-Marne, la Truffe rousse (A. Passy).

2. — *Carpinus Betulus*, L. — Charme, Charmille.
Cet arbre donne assez souvent, outre la Truffe noire,
la Truffe musquée (*Tuber brumale*), de qualité mé-
diocre.

3. — *Castanea vulgaris*, L. — Châtaignier. Assez
rare sous le Châtaignier pour qu'on ait pu croire
qu'elle n'y vient jamais, la Truffe croît sous les châtaigniers des sols siliceux non tout à fait privés de calcaire. Cependant c'est presque exclusivement sous
les Châtaigniers qu'on trouve la Truffe à Montferret,
près d'Amélie-les-Bains. D'autre part, je l'ai vue
aussi souvent sous le Châtaignier que sous le Chêne
dans les environs de la Bastide-Murat, à Ussel et

Caniac (Lot), et tandis qu'un truffier de Saint-Quentin-sur-Isère (Borel-Faure) m'assurait, comme M. de Lamotte, de Périgueux, que jamais la Truffe ne venait sous le Châtaignier, je la trouvais à 5 kilomètres de là, à Tullins, sous la conduite de l'habile truffier Pierre Achard, au milieu d'une châtaigneraie d'arbres séculaires.

La Truffe du Châtaignier est ronde (ce qui paraît tenir à la nature meuble du sol, généralement sableux) et d'excellente qualité.

4. — *Fagus sylvatica*, L. — Hêtre, Fau, Fouteau, Fayard. Cet arbre, qui m'a été signalé comme donnant des Truffes : dans l'Isère, par M. le comte de Galbert et par Borel-Faure ; dans la Vienne, par M. Guitteau, complète ainsi la série de nos genres d'Amentacées cupulifères, comme essences truffières.

5. — *Betula alba*, L. — Bouleau. Il favorise le développement de la Truffe noire, mais surtout, suivant M. Tulasne, de la Truffe d'été et de la Truffe mésentérique.

6. — *Populus Tremula*, L. — Tremble. Cité comme truffier par quelques rabassiers de Provence.

7. — *Populus nigra*, L. — Peuplier noir, Peuplier franc, Liardier. Des Truffes ont été trouvées sous cet arbre, à Genissieu (Drôme), par M. Berthe, percepteur à Valence, homme distingué et très-digne de foi.

Les peupliers forment une avenue isolée dans une terre sèche et calcaire.

8. — *Populus alba*, L. — Ypréau, Blanc de Hollande. On a trouvé à Cadenet (Vaucluse) des Truffes sous ce Peuplier, qui ne craint pas les terres sèches (1).

9.—*Salix viminalis*, L.—Saule-Osier. Des Truffes (musquées?) ont été trouvées près de cet arbrisseau (2).

10. — *Platanus orientalis*, L. — Platane. Encore un arbre du groupe des Amentacées sous lequel on aurait trouvé des Truffes près de Cahors et dans le département de la Drôme.

11. — *Juniperus communis*, L. — Genévrier. La Truffe du Genévrier est fort estimée; on la dit plus noire que celle du Chêne?

12. — *J. Oxycedrus*, L. — Genévrier à cade, Cadier, Cèdre piquant. Il produit aussi des Truffes, mais qui passent pour tenir de l'arome peu agréable de la plante?

13. — *J. phœnicea*, L. — Genévrier de Phénicie.

(1) Le fait de la présence de truffes sous le peuplier blanc a été constaté par M. Jacquème, interne en pharmacie à l'Hôtel-Dieu de Paris, à qui je dois de nombreux renseignements sur la production truffière du département de Vaucluse.

(2) La grosse truffe blanche du Piémont vient fréquemment sous les saules et les peupliers.

Cet arbre donne quelques Truffes sur les côtes de la Provence.

14. — *Pinus Cedrus,* L., var. *africanus.* — Cèdre de l'Atlas. On a trouvé en Algérie des Truffes sous cet arbre, variété du Cèdre du Liban, qu'il dépasse par la rapidité de sa croissance et sa plus grande taille.

15. — *Pinus halepensis,* Mill. — Pin d'Alep, Pin de Jérusalem, Pin blanc. Commun dans le midi de la France et presque le seul cultivé en Provence, cet arbre compte, après les chênes, les noisetiers et les genévriers, parmi ceux qui donnent le plus de Truffes. M. Rousseau, qui l'a compris dans ses plantations de Carpentras, m'a assuré que sa Truffe avait quelque peu l'odeur de résine? On cite, en Vaucluse, les riches truffières que M. le marquis des Isnards possède dans ses pinières du château de Martinet.

16. — *Pinus sylvestris,* L. — Pin sylvestre. Il donne des Truffes dans la Haute-Marne (A. Passy), en Dauphiné, Provence, etc.

17. — *Abies excelsa,* D. C. — Épicéa, faux Sapin. Des Truffes ont été trouvées sous ce bel arbre : près Thiviers, par M. Meilhodon; dans le département de l'Isère, par le truffier P. Achard, de Tullins.

Nul doute que beaucoup de Conifères, autres que celles ci-dessus, ne favorisent la production des Truffes. C'est ainsi que M. de Fayolle récolta, à Périgueux, pendant plusieurs années, des Truffes sur toute la bordure d'un massif de jeunes arbres verts appartenant à des espèces variées.

18. — *Ulmus campestris*, Sm.— Orme. On l'a vu produire des Truffes (A. Martin, comte de Galbert).

19. — *Prunus spinosa*, L. — Prunellier, Épine noire. Cette Rosacée est fréquemment truffière. Elle m'a été, en effet, signalée comme telle : en Périgord, par le docteur Labrunie et par M. Meilhodon, de Thiviers; dans l'Isère, par les truffiers P. Achard et Borel-Faure; en Poitou, par M. Guitteau. Le Prunellier est aussi cité comme essence truffière par M. Vergne, pharmacien à Martel, dans son *Histoire naturelle de la Truffe* (Sarlat, 1810).

L'Amandier, voisin des *Prunus* et fort répandu dans les contrées truffières du Midi et du Poitou, ne donne pas de Truffes?

20. — *Cratægus oxyacantha*, L. — Aubépine, Épine blanche. Des Truffes ont été récoltées sous cet arbuste, en Périgord (Vergne), dans le Poitou (Guitteau), en Dauphiné (P. Achard).

21. — *Sorbus Aria*, Crantz. — Alizier commun. Des Truffes croissent à son ombre dans le département de l'Isère (P. Achard, Borel-Faure).

22. — *Sorbus domestica*, L. — Cormier, Sorbier domestique. Essence truffière dans les basses montagnes du Dauphiné (comte de Galbert, Borel-Faure, Martin-Ravel).

23.—*Rosa canina*, L.—Églantier, Rose des chiens. On a trouvé des Truffes sous cette espèce (et sans doute sous plusieurs de ses congénères, *R. arvensis*, etc.), dans le Lot (Vergne), l'Isère (P. Achard), et surtout dans le parc de M. de Mallet, à Sorges (Dordogne).

24. — *Rubus fruticosus*, L.—Ronce. Vergne cite cet arbuste parmi les plantes truffières du Périgord.

25.—*Pistacia Terebinthus*, L.—Térébinthe, faux Pistachier.—Cette Térébinthacée paraît donner quelquefois des Truffes en Provence (Vergne).

26. — *Robinia pseudo-Acacia*, L.— Faux Acacia. Cet arbre, la plus utile de nos naturalisations forestières, est la seule Légumineuse sous laquelle la Truffe ait été quelquefois trouvée.

27.—*Buxus sempervirens*, L.—Buis. Des Truffes ont été signalées par Vergne près de cette Euphorbiacée essentiellement calcicole.

28. — *Tilia sylvestris*, Desf. — Tilleul commun. Des Truffes ont été trouvées à son ombre : dans la Drôme, par M. Berthe ; dans l'Isère, par M. de Galbert ; dans la Vienne, par M. Guitteau ; en Provence, par divers rabassiers. Berchoux cite le Tilleul à la suite du Chêne et du Charme truffiers.

29. — *Acer campestre*, **L.** — Érable commun, Azerole, Bois de poule. Regardé comme truffier par A. Martin.

30. — *Ficus Carica*, **L.** — Figuier. Vergne l'a compris au nombre des essences truffières?

31. — *Olea europæa*, **L.** — Olivier. Produit bien rarement des Truffes, auxquelles on reproche d'ailleurs d'avoir un goût d'huile?

32. — *Vitis vinifera*, **L.** — Vigne. C'est une opinion fort accréditée que la Vigne produit des Truffes (Vergne et docteur Labrunie pour le Lot, quelques truffiers du Périgord, du Dauphiné et du Poitou); mais, avec M. Guitteau qui a observé dans la Vienne, je ferai à ce sujet d'explicites réserves. Des Chênes, des Châtaigniers, des Prunelliers, etc., ne sont, le plus souvent, pas fort éloignés de la truffière. J'ai, en ce qui me concerne, récolté dans les vignes de Tullins (Isère) des Truffes engagées sous un cep de vigne et entre ses racines; mais un examen attentif m'a fait reconnaître, mêlées aux racines de la Vigne, celles d'un Chêne situé en bordure du bois à la distance de 6 mètres (1).

Je termine cette énumération des essences truf-

(1) La vigne et d'autres arbrisseaux (genêts, etc.) paraissent, étant placés dans la zone des chênes, compléter les conditions de la fertilité des truffières, sans toutefois produire directement la Truffe.

fières en rappelant, mais seulement pour mémoire, que, suivant M. Vergne, de Martel, on aurait observé des Truffes sous le Noyer et près d'une Graminée herbacée, le *Bromus (Brachycarpus) sylvaticus*, et que, d'après M. Léveillé, le Genêt à balais et les Bruyères, plantes cependant silicicoles, compteraient parmi les végétaux truffiers.

Au résumé, des Truffes auraient été trouvées sous 39 essences ligneuses, savoir, 7 Chênes et 32 autres végétaux; mais on peut douter au moins que toutes les observations se rapportent à la truffe noire.

VII.

Du sol des truffières.

Le sol est l'un des éléments les plus importants, on peut dire même l'élément prépondérant, dans la production truffière. On discute depuis longtemps sur son influence quant à la qualité des Truffes, mais on est d'accord sur ce point que jamais on n'a vu, que, sans doute, jamais on ne trouvera de Truffes sur certains terrains.

La Truffe ne vient pas, ou que bien exceptionnellement, dans les terrains *essentiellement siliceux,* tels que les sables proprement dits, les schistes, les granites et terrains cristallisés de toutes sortes. Quand on dit de localités truffières du Dauphiné et de la Provence, par exemple, que le sol en est sableux, il faut entendre d'une terre légère, par opposition aux terres argileuses de beaucoup de truffières des environs de Périgueux, de Cahors, etc.

D'ailleurs, dans un grand nombre de localités du Périgord, du Languedoc, du Poitou, de la Provence, etc., le sol, non argileux, n'est pas toujours rendu léger par le mélange d'une assez grande proportion de sable, mais quelquefois par les détritus de la roche calcaire.

Une autre influence capitale du sol, c'est sa trop grande humidité. Telle vallée, dont la terre est de même nature que celle des collines qui l'encaissent, ne produira pas de Truffes si l'humidité y est stagnante, tandis que les pentes bien égouttées de ces collines donneront en abondance le précieux tubercule.

C'est aussi l'humidité qui décidera de la présence ou de l'absence de Truffes sur les plateaux. Avec un sous-sol imperméable retenant l'eau, point de truffes; avec un sous-sol perméable, tel surtout celui qui résulte de la désagrégation, du brisement de la roche sous-jacente à la terre arable, état très-ordinaire dans les départements du Périgord, de la Guienne, du Poitou, etc., où la fissilité, la fragmentation de la roche produit ce qu'en Poitou on nomme les terrains *galucheux,* conditions, au contraire, excellentes pour la production truffière (1).

J'ai vu, en d'autres pays truffiers, la perméabilité du sol due à une épaisse couche de galets, comme en beaucoup de lieux des Basses-Alpes, de Vaucluse, de la Drôme et de l'Isère. Ces galets, qui couvrent les plaines du bassin du Rhône, forment aussi, contre le Ventoux et la longue chaîne du Vercors, des contreforts ou collines pouvant s'élever à plusieurs centaines de mètres de hauteur. Les riches truffières de la plaine de Carpentras et du haut plateau de Montagnac (Basses-Alpes) reposent sur ces masses perméables de galets. Au-dessus de Tullins (Isère), où les galets sont soudés en un poudingue imperméable, les truffières ne se montrent que sur les pentes, non sur les plateaux et les points divers où l'eau séjourne (2).

(1) On nomme *cosse,* dans le Loudunois, le sous-sol à roche fissile ayant ses segments dressés. Ce sous-sol à tranches relevées, et qui correspond aux *lauzes* du Dauphiné, est le plus propre à la production des truffes. On sait que les couches redressées et fissiles sont presque un attribut des roches jurassiques, de toutes les plus répandues dans les contrées truffières.

(2) C'est auprès de Tullins que la formation des galets atteint à la plus grande puissance. Au mas de l'Élinard, à

Mais si les terres essentiellement siliceuses et les terres humides sont contraires à la production de la Truffe, quelles sont donc celles favorables à cette production? On le prévoit, ce sont les terres sèches et calcaires. Si, partant de Poitiers, on se rend à Périgueux en passant par Limoges, on peut s'assurer que des truffières existent de Poitiers aux environs de Montmorillon, où se montrent sans interruption des roches calcaires; peu après Montmorillon commencent les terrains granitiques (qu'on devinerait au besoin à l'abondance des châtaigniers, de la grande fougère (*Pteris aquilina*) et des bruyères), qui s'étendent jusqu'à Limoges, et de Limoges aux approches de Thiviers; or, les truffières, qui ont disparu dès que s'est montré le granite, apparaissent de nouveau entre Thiviers et Périgueux, d'où elles s'irradient sur les terrains calcaires pour s'arrêter de nouveau contre les massifs granitiques et volcaniques de l'Auvergne, du Vivarais et de la Vendée. D'un côté de Brives sont des granites et point de Truffes, de l'autre côté s'étendent les calcaires recouverts de riches truffières. Des faits analogues se présentent quand on compare, en Bour-

environ 300 mètres d'altitude, on voit, dans le lit du ruisseau, un bloc erratique gigantesque jusqu'ici ignoré des géologues.

gogne, les formations granitiques aux terrains calcaires, et, plus près de nous, à Fontainebleau, à Étampes, à Charenton et à Meudon, les collines calcaires aux collines de sable.

La nature géologique des roches calcaires, sur lesquelles reposent généralement les truffières, n'est pas indifférente à considérer. Il est, en effet, bien digne de remarque que c'est sur les terrains jurassiques, et principalement sur les oolithes, que les Truffes croissent en plus grand nombre. Je citerai le Poitou, le Périgord, la Guienne, le Languedoc, la Bourgogne, pour les terrains oolithiques; une partie du Dauphiné et de la Provence, pour le terrain néocomien ou jurassique supérieur. Suivant M. de Longuemar, auteur de la *Carte géologique du département de la Vienne,* tous les affleurements des calcaires jurassiques inférieurs, au contact des argiles sableuses rouges du lias, sont propres aux truffières (1).

Cependant des Truffes se montrent sur la craie et quelques calcaires des étages tertiaires, et, surtout dans les plaines et sur les petites collines du bassin du Rhône, sur les terrains de transport assez modernes et composés de cailloux calcaires mêlés en proportions

(1) La proportion de la magnésie dans ces terrains expliquerait-elle leur fertilité truffière

variables à des cailloux granitiques descendus des grandes Alpes (1).

Il est à peine besoin de faire remarquer que la roche influera d'autant plus sur la composition du sol qu'elle sera plus friable, plus gélive, plus superficielle, ou que la couche arable sera plus faible ; que, par conséquent, avec une même roche sous-jacente, la terre aura une constitution d'autant plus indépendante que son épaisseur sera plus considérable. Il est vrai de dire que, le plus souvent, la Truffe vient dans un sol maigre, rocheux, peu profond et impropre à toute culture, ce qu'exprime M. Guitteau dans ces lignes sur les truffières du Poitou : « Le sol sur lequel « vient la truffe est aride, de peu de profondeur, « 10 centimètres à peine, toujours graveleux, l'argile, « le calcaire et le sable s'y trouvent constamment « réunis, mais en proportions très-diverses : calcaire « ou argilo-calcaire à Chauvigny, à Saint-Savin, aux « environs de Poitiers et dans l'arrondissement de « Civray, il paraît plus spécialement siliceux près de « Lencloistre, où l'élément constant, celui qui donne « à ces terres une sorte de physionomie spéciale, « c'est l'oxyde de fer. Tous les terrains à truffes sont

______

(1) La Truffe n'est pas rare dans l'Isère et la Drôme, sur les formations (cependant très-siliceuses) de la Molasse.

« franchement ferrugineux, ainsi que l'indique leur
« couleur d'un rouge plus ou moins foncé (1). »

Toutefois, il y a des terres à Truffes profondes;
d'autres qui, loin d'être rouges, sont jaunâtres, noirâtres, grises ou même blanches (environs de Digne,
suivant M. Ravel; de l'Ile-Bouchard, en Touraine).

Mais, au lieu de m'en tenir à des considérations générales sur les caractères physico-chimiques des
terres, j'ai cru devoir éclairer la composition de
celles-ci par l'analyse elle-même. Les tableaux ci-contre
font connaître la composition de terres à Truffes, va-
riant autant par leur aspect que par les contrées qui
les ont fournies.

On peut estimer que la petite quantité de calcaire
(1 1/2 pour 100) donnée par la terre n° 9 approche
de la proportion minimum nécessaire à la Truffe,
et que nous avons ici un de ces terrains-limites pour
la végétation du Châtaignier et celle de la Truffe : un
peu plus de calcaire, et la culture du Châtaignier était
impossible; un peu moins de calcaire, et la truffe ne
trouvait plus ses conditions de développement. C'était
d'ailleurs une pauvre truffière que celle de cette châtaigneraie. Il n'est peut-être pas inutile de dire que

(1) Professeur Guitteau, de Poitiers (mémoire encore iné-
dit).

TABLEAU A.

COMPOSITION DE LA TERRE DES TRUFFIÈRES (a).

	(1) Thiviers (Dordogne).	(2) Cahors (Lot).	(3) Cahors (Lot).	(4) Montagnac (Basses-Alpes).	(5) Carpentras (Vaucluse).	(6) Sainte-Colombe (Vaucluse).	(7) Grignan (Drôme).	(8) Tullins (Isère).	(9) Tullins (Isère).	(10) Loudun (Vienne).	(11) Loudun (Vienne).	(12) Loudun (Vienne).
A. Produits volatils ou combustibles :												
Eau.	3,95	9,90	2,60	2,05	2,30	3,80	2,30	2,60	2,55	2,95	2,75	1,80
Matières volatiles ou combustibles, non compris l'azote. . .	5,90	3,85	7,04	6,60	2,63	4,11	4,13	3,51	13,38	3,65	5,23	3,42
Azote.	0,15	0,25	0,16	0,10	0,07	0,09	0,07	0,09	0,07	0,15	0,19	0,12
B. Matières minérales :												
Résidu insoluble dans les acides.	61,86	45,37	51,46	47,96	80,61	63,07	69,54	80,57	74,13	50,21	30,07	90,54
Alumine et peroxyde de fer. . . .	21,18	13,93	10,06	8,22	5,84	7,04	7,96	6,75	6,72	6,67	6,15	2,22
Acide phosphorique.	traces	0,04	0,05	0,05	0,05	0,05	traces	0,05	0,08	0,09	0,05	traces.
Chaux.	2,13	15,09	16,64	20,46	4,61	12,24	8,30	3,61	1,55	18,97	28,79	0,33
Magnésie.	0,17	0,39	0,36	0,37	0,48	0,46	0,47	0,38	0,38	0,33	0,44	0,19
Acide carbonique et produits non dosés.	1,66	11,18	11,63	14,19	3,41	9,14	7,23	2,44	1,14	16,22	25,37	0,48
Alcalis.	»	»	»	»	»	»	»	»	»	0,76	0,98	0,90
	100,00	100,00	100,00	100,00	100,00	100,00	100,00	100,00	100,00	100,00	100,00	100,00

(a) Les terres comprises sous les n⁰ˢ 1 à 12 ont été analysées à l'École des ponts et chaussées sous la direction de M. le professeur Hervé Mangon, que je remercie de son concours amical.
(1) Terre rouge argileuse sur calcaire oolithique. Truffes estimées.
(2) Terre jaune, assez forte, reposant sur l'oolithe. Propriété de M. Caviol, juge à Cahors. Truffes très-estimées.
(3) Terre jaune, assez forte, reposant sur l'oolithe. Ferme-école de la Montat, bois au nord.
(4) Terre jaune, assez légère, sur diluvium. Cultures de M. Martin-Ravel. Truffes estimées.
(5) Terre jaunâtre, assez légère, sur diluvium. Cultures de M. Rousseau. Truffes estimées.
(6) Terre jaunâtre, sur calcaire néocomien.
(7) Terre de couleur grise, légère, sur calcaire néocomien. Truffes estimées.
(8) Terre jaunâtre, légère, sur poudingue des molasses. Mas du Château. Truffes assez estimées.
(9) Terre de couleur grise, sablonneuse, sur molasses. Châtaigneraie séculaire entre la Mésrie et Sourat.
(10), (11), (12) Terres de Beuxe, près Loudun, route de Chinon. Le n° 10 provient d'une jeune truffière en plein rapport; le n° 11, d'une vieille truffière ayant presque cessé de produire; le n° 12, du fond d'un vallon qu'encaissent les plateaux ayant fourni les n⁰ˢ 10 et 11. Les terres des n⁰ˢ 10 et 11 reposent sur un calcaire jurasique (oxfordien) fendillé et à assises relevées; celle du n° 12 occupe la surface d'une alluvion. Cette dernière, très-siliceuse, peu ferrugineuse, à peine calcaire et phosphatée, ne porte que du chêne blanc (*Quercus pubescens pedunculata*) et est reconnue impropre à la production truffière, laquelle ne prospère pas, d'ailleurs, dans les fonds humides. On remarque, en outre, que l'acide phosphorique, qui entre pour une forte part (environ le tiers de leur poids) dans la constitution de la cendre des truffes, est en moindre proportion dans la terre de la truffière regardée comme usée que dans celle de la jeune truffière. Ces faits ne peuvent manquer de fixer l'attention.

TABLEAU B.

COMPOSITION DE LA TERRE DES TRUFFIÈRES (a).

	(13) Valensolle (Basses-Alpes).	(14) Sorges (Dordogne).	(15) Cahors (Lot).	(16) Castelnau (Lot).	(17) La Royne-des-Arcs (Lot).	(18) Nérac (Lot-et-Gar.).	(19) Beuxe (Vienne)	(20) Chaptainville (Seine-et-Oise).	(21) Montfermeil (Seine-et-Oise).	(22) Montreuil (Seine).	(23) Paris (Seine).	(24) Essarts-le-Roi) (Seine-et-Oise).
Matières organiques, non compris l'azote.	1,84	1,88	2,20	3,43	3,30	0,90	1,67	1,80	3,50	2,65	3,40	2,10
Azote.	0,11	0,12	0,15	0,12	0,10	0,02	0,08	0,10	0,18	0,15	0,16	0,08
Sable et petits graviers siliceux.	36,80	36,80	7,90	7,85	24,60	94,68	24,80	38,10	27,20	51,90	39,25	54,05
Argile (b).	25,20	39,50	47,80	54,20	43,60	2,85	34,41	45,20	36,84	25,50	25,70	31,60
Peroxyde de fer.	9,30	9,10	10,64	9,30	9,20	0,65	8,50	2,60	4,10	4,13	3,70	5,10
Alumine.	5,60	8,10	9,20	10,10	10,53	0,45	7,80	6,80	6,40	7,80	7,74	6,41
Carbonate de chaux.	20,20	3,90	21,10	14,20	8,25	0,45	21,80	4,50	19,70	6,20	17,75	0,60
Carbonate de magnésie.	0,50	0,40	0,65	0,55	0,25	traces	0,35	0,63	0,80	0,50	0,60	traces
Phosphate de chaux.	0,05	0,08	0,06	0,05	0,07	traces	0,04	0,07	0,08	0,07	0,90	0,06
Sulfate de chaux.	0,40	0,12	0,30	0,20	0,10	0,00	0,55	0,20	1,20	1,10	0,80	traces
	100,00	100,00	100,00	100,00	100,00	100,00	100,00	100,00	100,00	100,00	100,00	100,00

(a) Les terres analysées pour ce travail ont toujours été débarrassées préalablement, par le passage au tamis à mailles d'un millimètre, des fragments rocheux, dont la proportion est souvent plus considérable que celle de la terre proprement dite.

(b) L'argile est représentée par la portion de la terre insoluble dans les acides et assez légère pour être séparée du sable par lévigation. On sait qu'elle se compose d'environ 2/5 d'alumine et 3/5 d'acide silicique.

(13) Terre rouge, assez forte, sur calcaire néocomien (?). Truffes abondantes et estimées.

(14) Terre jaune fauve, assez forte ou argileuse, sur l'oolithe.

(15) Terre rouge forte, prise au Mas dit de Terre-Rouge, sur l'oolithe. Truffes très-estimées et abondantes.

(16) Terre d'un gris-noir, argileuse, venant de l'Oustal-Nébé, propriété de madame veuve Pons. Truffes rares et peu estimées; les matières organiques sont en forte proportion.

(17) Terre de couleur brune. Les truffes en sont moins estimées à Cahors que celles de Terre-Rouge.

(18) La terre est tout à fait arénacée, de couleur grise. Elle m'a été envoyée par M. le marquis de Pompignan avec une demi-douzaine des truffes qui y étaient venues. La présence de truffes dans ce sable, contenant à peine 1/2 p. 100 de calcaire, est un fait très-anormal. Les truffes, assez rares, sont très-petites (du poids de 6 à 10 grammes en moyenne), rondes, fermes, à diamant fin et parfumées. La proportion de l'oxyde de fer est très-faible.

(19) Terre prise au Grand-Poncé, entre Loudun et Chinon. Elle est jaune fauve, assez légère, et repose sur un calcaire oxfordien fissile. Truffes abondantes et estimées.

(20) Terre gris brun, assez argileuse (propriété de M. Pomme). Truffes plus rares qu'à Étampes, placé à 15 kilomètres de là.

(21), (22), (23) Ces terres, de Paris et environs, sont assez calcaires (et assez ferrugineuses) pour convenir à la culture de la truffe.

(24) Je tiens cette terre, placée sur un terrain de meulières, comme impropre à la production de la truffe, à moins qu'elle n'ait reçu un fort marnage, soit de 4 à 8 m. c. de marne par are. Je viens de faire un semis de chênes truffiers sur cette terre : a, sans addition de marne; b, avec 4 m. c. de marne; c, avec 8 m. c. de marne par are. La marne dosait 95 p. 100 de carbonate de chaux. On a fait choix d'une pente à l'exposition du midi, la seule convenable dans le nord de la France.

COMPOSITION DE LA TERRE DES TRUFFIÈRES.

	(25) Céreste (Basses-Alpes).	(26) Céreste (Basses-Alpes).	(27) Céreste (Basses-Alpes).	(28) Céreste (Basses-Alpes).	(29) Céreste (Basses-Alpes).	(30) Étampes (Seine-et-Oise).	(31) Sarlat (Dordogne).	(32) Langeais (Maine-et-Loire)	(33) Saint-Germain (Seine-et-Oise).
Matières organiques, non compris l'azote.	2,50	1,84	2,40	3,20	2,60	2,80	2,60	2,14	3,20
Azote.	0,10	0,16	0,15	0,08	0,07	0,11	0,16	0,12	0,11
Sable et petits graviers siliceux.	11,40	0,00	6,40	29,90	62,75	37,55	14,80	32,00	28,00
Argile.	45,00	32,00	47,50	18,80	14,50	39,75	44,60	40,20	24,00
Alumine.	5,60	3,10	3,00	3,50	2,63	5,90	5,80	2,10	6,60
Peroxyde de fer.	4,50	1,30	2,20	4,30	2,80	6,35	5,20	3,15	3,80
Carbonate de chaux.	29,25	59,35	36,65	38,70	13,75	6,85	24,80	19,15	32,14
— de magnésie.	0,70	0,90	0,65	0,68	0,40	0,24	0,90	0,54	1,05
Phosphate de chaux.	0,55	0,85	0,70	0,64	0,50	0,45	0,84	0,40	0,65
Sulfate de chaux.	0,40	0,50	0,35	0,20	traces	traces	0,30	0,20	0,45
	100,00	100,00	100,00	100,00	100,00	100,00	100,00	100,00	100,00

(25) Terre grise, assez argileuse, mêlée à de très-nombreux fragments de carbonate de chaux (environ 75 pour 100). Ainsi que les nos 26, 27, 28 et 29, cette terre a été prise sur les domaines du marquis de Sinety.
(26) Terre blanche, marneuse, mêlée à de nombreux fragments calcaires (50 pour 100).
(27) Terre jaune pâle, assez argileuse, mêlée de quelques fragments calcaires.
(28) Terre brune, assez légère.
(29) Terre d'un jaune pâle, très-légère, à sable micacé.
(30) Terre d'un rouge-brun, assez forte, provenant de la propriété de Vauroux, appartenant à M. Laporte. — La terre d'une autre truffière de Vauroux était rouge-jaunâtre, plus forte, dosait 55 d'alumine, 7 de carbonate de chaux seulement, 16 de sable fin, et 3,45 de peroxyde de fer. M. Laporte assure que les truffes de Vauroux sont fort bonnes.
(31) Terre d'un jaune-rouge, argileuse, adhérant à des truffes vendues à Paris comme truffes de Sarlat (?).
(32) Terre de Langeais (Indre-et-Loire). Elle est assez légère et de couleur cendrée ; elle est propre à la formation de truffières, ainsi que la suivante.
(33) Terre gris-cendré, assez friable, des vignes sous la terrasse de Saint-Germain. Elle convient, comme la terre de Langeais, à la culture de la truffe.

j'ai récolté moi-même (avec le truffier Pierre Achard) des Truffes sur le point même de la châtaigneraie où a été prise la terre analysée. Autour de la châtaigneraie croissent l'*Artemisia campestris*, silicicole, et le *Teucrium Chamædrys*, calcicole (1).

On remarquera, dans les tableaux ci-dessus, après les proportions très-variables, et le plus souvent fort considérables, de calcaire :

1° La proportion des détritus organiques, d'environ 2 pour 100 à peine dans les cultures truffières de plusieurs localités, et d'environ 13 pour 100 dans la châtaigneraie de Tullins;

2° Celle de l'azote, en moyenne deux fois moindre dans les truffières de la Provence et du Dauphiné que dans celles du Périgord et du Poitou;

3° La quantité de la silice, portée au maximum (de 74 à 80 pour 100), sur les alluvions anciennes de Tullins et de Carpentras (2);

4° La proportion de l'oxyde de fer (et de l'alumine), deux ou trois fois plus considérable dans les terres rouges de Périgueux et de Cahors que dans celles, parfois grises ou blanchâtres, de la vallée du Rhône;

(1) et (2) Le sol essentiellement arénacé (analysé sous le numéro 18) des truffières de M. le marquis de Pompignan ne doit être regardé que comme un cas très-exceptionnel.

5° L'acide phosphorique et la magnésie, dont les proportions, généralement indépendantes de celles de la chaux, sont considérables dans la terre n° 9 (châtaigneraie), où la chaux tombe au plus bas, tandis que les matières organiques sont au maximum (1).

M. de Gasparin avait donné, en 1856, l'analyse suivante de la terre des truffières de Carpentras :

Élément pierreux (calcaire siliceux).	56,3
Élément terreux.	43,7
	100,0

L'élément terreux se composait de :

Calcaire.	4,0
Silice.	57,1
Argile.	38,9
	100,0

VIII.

Du climat propre à la Truffe.—Acclimatation.

Essentiellement française, un peu italienne et espagnole, la Truffe recherche les climats doux. Le centre

______

(1) Il sera établi plus loin que la proportion de l'acide phosphorique et celle de la magnésie sont considérables et assez constantes dans la Truffe, quels que soient leurs rapports de quantité avec le calcaire du sol.

et le midi de la France sont sa patrie préférée. A quelques écarts près (relevés à l'article 1er de cet écrit), la Truffe habite au delà de la Loire. Voilà, à grands traits, pour sa *latitude*.

Quant à l'*altitude* à laquelle elle s'élève, on la trouve limitée par sa préférence pour les climats tempérés.

Au midi, dans les Pyrénées-Orientales et sur le mont Blanc de Provence (le Ventoux), elle montera au-dessus de 800 mètres (1); mais plus au nord, dans les Alpes du Dauphiné et de la Savoie, 500 à 600 mètres marqueront sa limite supérieure. On peut dire qu'elle suit, mais un peu en contre-bas et plus au sud, les limites des cultures de la Vigne.

L'*exposition* est à considérer suivant les lieux. En Provence et dans la partie méridionale du Périgord, la Truffe croît sur les pentes du nord aussi bien que sur celles du sud, et ses produits y sont à peu près identiques; au centre, elle croît encore au nord (2), mais elle

(1) On la trouve encore à 900 mètres et même à 1 000 mètres, mais petite, peu colorée et, dit-on, à parfum affaibli.

(2) Si l'on remonte la vallée de l'Isère, de Romans à Tullins, on constate que la Truffe est moins parfumée sur les pentes nord-ouest de la rive gauche que sur celles, exposées au sud-est, de la rive droite.

est plus parfumée au sud; dans le nord de la France, on ne la voit guère que dans les expositions chaudes.

Les auteurs qui ont écrit que la Truffe ne prospérait qu'aux expositions méridionales ont donc été trop exclusifs (1). J'en dirai presque autant de l'opinion de ceux qui assurent qu'elle ne vient bien qu'à l'ouest et à l'est, soit qu'il s'agisse d'orientations générales ou de l'ombre des arbres. Ici, toutefois, j'inclinerais vers l'influence favorable des ombres ouest.

Plusieurs truffiers de l'Isère et de la Drôme m'ont assuré que les collines exposées au levant et au midi, savoir celles qui donnent les bons vins, avaient de meilleures truffes que celles exposées au nord ; ces dernières produisant, d'ailleurs, de préférence, des *Messigeonnes*, ou Truffes blanches d'été, et des Truffes musquées ou sauvages, espèces communes au Pont-en-Royans et sur toute la longueur de la pente ombragée du Vercors.

C'est aussi une opinion populaire en Périgord, que la bonne Truffe ne se rencontre que dans les cantonnements qui donnent du bon vin.

Une chaleur trop grande est défavorable à la Truffe,

____

(1) J'ai vu récolter d'excellentes Truffes, en plein nord, à Cahors, près la ferme-école, et dans les Basses-Alpes, entre Gréoux et Riez.

et c'est par ce motif qu'elle est limitée au sud par la chaleur, comme elle l'est au nord par le froid. Mais, là même où la Truffe croît habituellement, elle souffre dans les années chaudes, surtout lorsqu'elle est placée près de la surface du sol. Alors, surtout par un temps sec, elle se *boise*, suivant l'expression des truffiers. La Truffe boisée est dure, comme ligneuse ou même pierreuse, peu colorée, sans parfum; c'est un produit de nulle valeur. Aussi, lorsque l'élévation prolongée de la température la menace de ce genre d'altération, les paysans soigneux ne manquent-ils pas d'abriter le sol des truffières par un paillis de feuilles ramassées dans le voisinage.

La culture diminue, assure-t-on, les chances de boisement de la Truffe.

Un froid trop considérable, il est à peine besoin de le dire, détruit la Truffe en la congelant, et son effet est d'autant plus prompt que celle-ci est plus près de la surface du sol. Le dernier hiver (1867-1868), qui a été exceptionnellement froid, a gelé plus des trois quarts des Truffes du Périgord, où le thermomètre s'est abaissé à — 16°. Les Truffes placées à 20 centimètres au moins de la surface du sol ont presque seules résisté à la gelée.

La Truffe qui a subi la gelée est sans arome, en partie décolorée, cède à la pression du doigt et rend de l'eau quand on la coupe ou la casse. Elle se ramollit et se décompose vite (1).

En dehors des indications générales qui précèdent, ce n'est qu'avec beaucoup de réserve que je fixerais les limites de température entre lesquelles la production truffière sera prospère. On pourrait indiquer peut-être — 10° et + 36°, tout en faisant remarquer que cette année même le Périgord a eu, en hiver, des froids de — 16° (qui ont, il est vrai, frappé de gelée la plus grande partie des Truffes), tandis qu'en été la chaleur a dépassé + 40° au soleil.

Je ne tairai pas l'opinion, quelque singulière qu'elle puisse paraître, de plusieurs habitants de la Provence. Pour eux l'influence solaire est nulle, et c'est la *lune,* quelque peu aidée des *étoiles,* qui préside à la répartition des Truffes dans les clairières, les bordures des bois, etc., et à leur évolution ou développement, qui serait de trente jours, comme la période lunaire, et à son apogée à l'époque de la pleine lune.

(1) Elle détermine l'altération des volailles, pâtés, etc. Je tiens de M. La Salvetat, de Périgueux, qu'ayant à livrer, au mois de février, six dindes truffées à un personnage de Paris (le ministre de la justice), il avait dû choisir une à une, dans plus de 100 kilog. de Truffes, celles qui lui étaient nécessaires.

Un sol qui garde l'humidité ne convient pas à la Truffe; mais, d'autre part, les terres saines ou étanches dans lesquelles elle prospère ne peuvent se passer de pluie, au moins vers les mois de juillet et d'août. Si ces pluies bienfaisantes manquent (comme nous en sommes menacés cette année), le développement du tubercule est entravé et la disette menace nos marchés (1).

Un sol humide paraît être moins défavorable à la Truffe musquée qu'à la Truffe noire.

Étant connus le *sol* que recherche la Truffe, les *essences forestières* les plus favorables à sa production, les *conditions climatologiques* qui favorisent son développement, on a tous les éléments pour son acclimatation, ou mieux, sa *naturalisation* dans les pays qui ne la possèdent pas encore.

C'est principalement dans les contrées où croissent des espèces voisines de la Truffe noire, que le succès peut être regardé comme assuré d'avance à la natu-

(1) Est-il besoin de faire remarquer que l'influence bienfaisante des pluies sur la production de la Truffe, si pareille à ce qu'on observe pour une foule d'autres champignons, ne se comprend plus dans l'hypothèse de la Truffe-galle?

ralisation de cette dernière. Telles sont les localités de la Champagne et de la Bourgogne qui produisent la Truffe rousse (*Tuber rufum*).

IX.

Signes de l'existence des truffières.

La présence des Truffes dans la terre est indiquée par des caractères révélateurs auxquels les truffiers prêtent une attention d'autant plus sérieuse qu'ils les trompent bien rarement. Ces caractères sont empruntés : les premiers, qu'on peut dire absolument sûrs pour les gens du métier, à l'état du sol ; les seconds, manquant le plus souvent, et quand ils se manifestent, moins constants dans leurs indications, à la présence de mouches qui voltigent au-dessus de la truffière (1).

1° *Le sol.* — Les truffières, qui ne doivent jamais être cherchées sous le fourré ombragé des bois, mais dans leurs clairières, se signalent de loin au truffier

______

(1) Une galle particulière, relevée de sortes de petites cornes, est regardée, en Vaucluse, comme indiquant la présence de Truffes sous l'arbre qui la porte.

par l'état appauvri de la végétation herbacée ou même par l'absence complète de celle-ci. L'herbe manque ou se présente desséchée; les mousses elles-mêmes périssent ou sont maladives, à peine fixées au sol dont on les détache au moindre effort.

En approchant de la truffière on trouve la terre sèche, douce, comme effritée ou réduite en poussière; on dirait, suivant l'expression des truffiers, d'une terre brûlée ou frappée par la foudre qui l'aurait réduite en cendres. J'ai vu ceux qui cherchent la Truffe à la pioche se guider par ce sol friable, abandonnant leurs fouilles dès qu'ils arrivaient à la terre plus compacte qui limite la truffière. Souvent d'ailleurs la Truffe repose sur le sol compacte ou même sur la roche (1), la couche friable s'étendant seule au-dessus d'elle. Jamais, du reste, la Truffe n'est complétement engagée dans le second lit, ou couche non encore effritée.

Les signes ci-dessus précèdent même ce qu'on peut appeler la maturation des truffières, annonçant leur formation plusieurs années d'avance ou signalant leur

(1) J'ai trouvé, à Tullins (Isère), des Truffes engagées par leur portion inférieure dans les anfractuosités d'un poudingue de la molasse, connu des paysans sous le nom de *pière à fi* (pierre à feu).

migration. Il n'est pas rare, en effet, de voir des truffières se déplacer, quittant un côté pour se porter du
côté opposé ; alors l'herbe repousse sur le côté abandonné et se dessèche dans la direction suivie par la
truffière dans sa marche. Parfois cette migration se
constate sans que la cause (peut-être la vétusté de la
truffière qui finit par épuiser la place) soit apparente ;
d'autres fois elle serait due, suivant M. Vergnes, pharmacien à Martel, à ce que l'arbre truffier ayant été
coupé, la truffière s'est reportée (?) sous un arbre
voisin.

Assez souvent la terre des truffières est fendillée (1).
Si les Truffes sont très-superficielles, ce qui s'observe
principalement pour celles qui mûrissent au commencement de l'hiver, des relèvements du sol sous forme
de petites taupinières signalent directement la présence des Truffes.

Les signes qui précèdent perdent beaucoup de leur
valeur quand la truffière, au lieu de se montrer dans
les clairières des bois, existe dans un sol soumis à

(1) Le fendillement du sol a lieu surtout en septembre,
époque du plus grand accroissement des Truffes. J'ai vu, en
octobre, M. Foucault, du Grand-Poncé (Beuxe, près Loudun),
trouver aisément des Truffes avec le bout du doigt indicateur
qu'il engageait sous le sol fendillé.

la culture, comme sur la bordure des vignes, etc., ou dans les champs truffiers, tels qu'on en a formé surtout à Carpentras et à Montagnac. Il est clair que moins la culture laissera croître d'herbes, moins les indications de celles-ci pourront être consultées. Dans ces cas, où notre perspicacité est en défaut, l'*ultima ratio* appartiendra au chien et au cochon.

2° *Les mouches*. — Nous avons dit, en parlant de l'origine des Truffes, que les ouvriers truffiers donnent le nom de mouches des Truffes ou des rabasses à certains diptères, dont la présence est commune sur les truffières vers la fin de l'été et en automne. Ces observations, faites dans tous les pays producteurs de la Truffe par des paysans qui n'avaient point eu de relations entre eux, empruntent à cela même un haut degré de vérité. Elles ont, d'ailleurs, été répétées par des savants dignes de toute confiance.

Dès le commencement du xviiie siècle, Garidel de Manosque, qui professa avec distinction la botanique à Aix, dit expressément, après avoir indiqué la recherche des Truffes par les truies : « Il y a une autre manière de découvrir les Truffes qui est connue de peu de gens, et que j'ai moi-même observée : c'est lorsque le jour est serein et calme et que le soleil reluit sur ces endroits, on s'aperçoit d'une nombreuse quantité de moucherons qui s'élèvent, de l'endroit où est cachée la Truffe, à la hauteur de 2 ou 3 pieds. Si l'on creuse justement au point de la terre d'où s'élèvent les moucherons, on découvre ordinairement la Truffe, qui est souvent gâtée ; c'est ce qui m'oblige de croire que les vers que l'on trouve ordinairement dans les Truffes que l'on creuse l'été sont les œufs éclos de ces insectes. Ces vermisseaux, d'une couleur blanche, sortent, dans la suite, des trous de la Truffe et de la terre en forme de moucherons. Les Truffes où l'on trouve ces vers n'ont ni l'odeur ni le goût des autres ; je parle de celles de l'été sur lesquelles j'ai fait plusieurs fois ces observations. »

M. le docteur Laboulbène pense qu'il s'agit ici d'une *Tipulaire* vivant dans la Truffe d'été.

En 1780, le comte de Borch, dans ses lettres à Morozzo sur les truffes du Piémont, parle de deux insectes indicateurs des truffes : « Lorsque, dit-il, les Truffes sont mûres, on voit voltiger autour de l'endroit qui les produit des mouches bleues (?), que remplacent des mouches noires quand la Truffe entre en putréfaction. » Mal figurées et mal décrites, les mouches vues par M. de Borch seraient pour Bosc, la noire du moins, des tipules. Vittadini et M. Laboulbène n'osent se prononcer sur leur nature ; mais le fait de l'observation de mouches par de Borch ne saurait être contesté.

Bosc raconte, à l'article Truffe du Dictionnaire de Déterville, que, lorsqu'il habitait la chaîne calcaire située entre Dijon et Langres, il avait souvent reconnu vers la fin de l'automne la place des Truffes mûres, à la présence de petites tipules. Il suffit, dit-il, de se pencher et de regarder horizontalement la surface de la terre pour voir, quand le soleil luit, une colonne de ces petites tipules s'élever de dessus la Truffe, que quelques coups de pioche feront découvrir. L'heure la plus favorable serait vers neuf heures du matin.

Des observations de même ordre ont été faites ou rappelées par MM. Tulasne, Léveillé, Goureau, Gubler, etc.

J'ajoute qu'un intelligent truffier de Saint-Quentin-sur-Isère, Borel-Faure, qui fait métier de rechercher la Truffe sans l'aide de truie ni de chien, m'a dit avoir souvent vu sur les truffières des essaims de petites mouches, au corps jaunâtre et aux ailes grises, indications qui répondent singulièrement aux *Helomyza*, représentés coloriés par M. le docteur Laboulbène dans la planche de son intéressant mémoire sur les insectes tubérivores. (*Ann. de la Soc. Entom. de France*, 1864.)

Disons donc, avec M. Laboulbène, qu'il est aujourd'hui incontestable, malgré les dénégations de Vittadini, que des mouches voltigent souvent, du moins avant la saison froide, au-dessus des truffières dont elles sont sorties ou qu'elles recherchent pour y déposer leurs œufs, et que les habitudes de ces diptères sont mises à profit en beaucoup de lieux pour découvrir la place des Truffes.

Galles, écorce. — Ce n'est que pour mémoire que je mentionne l'opinion de M. Fermond, suivant laquelle les paysans de la Charente reconnaîtraient la présence des Truffes au pied d'un Chêne à la couleur de l'écorce de celui-ci, et la croyance, répandue en quelques communes de Vaucluse, que certaines galles sur les arbres correspondent à des Truffes au-dessous de ceux-ci. Toutefois Carême dit formellement que les Truffes se trouvent sous les Chênes gallifères, et j'ai ouï dire que ce serait une habitude des paysans de l'Aveyron de faire dès l'été une marque aux Chênes portant des noix de galle?

X.

Maturation.

La maturation de la Truffe doit être complète au moment de la récolte, sous peine de mettre dans la consommation des produits n'ayant pas acquis toutes leurs qualités.

La Truffe n'est pas noire et parfumée à toutes les périodes de son évolution ; c'est même fort tardivement que se complète sa coloration et se développe son arome.

Elle est d'abord blanche et molle, puis successivement gris brun, brun violet et violet noir.

Le développement de l'arome est parallèle à celui de la coloration ; mais ce n'est, toutefois, qu'à l'extrême limite de cette coloration qu'il se prononce fortement et brusquement. Les animaux employés à sa recherche, qui la veille ne la sentaient pas, la découvrent le lendemain.

Voici, d'ailleurs, sous la responsabilité de leurs auteurs, quelques citations touchant la maturation de la Truffe :

« La Truffe noire commence à poindre grosse à peine comme une tête d'épingle ; elle passe au volume d'un pois, d'une noisette, etc. Elle est déjà grosse, mais encore blanche, en septembre, puis noire et marbrée vers la fin de novembre. Un peu d'eau en juin favorise son développement. » (Lettre de M. Laporte, propriétaire de la terre de Vauroux, près Étampes, d'après les observations du père Dutruit, son truffier.)

« La jeune Truffe est blanche, aqueuse, fade, avec un goût de terreau ou de plantes pourries; elle se colore aux approches de l'hiver. Après sa maturation, elle pourrit, exhalant alors une odeur forte et repoussante; dès que les vers y paraissent, elle est amère et âcre. » (A. Martin.)

« La Truffe est petite et blanche à l'intérieur en juillet; en octobre, elle est un peu grise; en novembre, elle est marbrée, et noire de décembre à mars. Quant à la Truffe blanche ou d'été, elle commence'à se former en automne, reste blanche l'hiver, devient d'un blanc gris en juin et juillet, époque de sa récolte (1). » (Ravel.)

Je peux ajouter l'observation suivante, qui m'est personnelle.

Le 25 et le 26 octobre de cette année (1868), je recueillais dans les truffières de M. Foucault, au Grand-Poncé, commune de Beuxe, entre Loudun et Chinon, quatre Truffes paraissant avoir atteint leur grosseur (elles pesaient, en moyenne, 65 grammes), elles étaient d'un beau noir au dehors, mais encore blanches à l'intérieur, et presque inodores. Les ayant

____

(1) La Truffe blanche d'hiver n'est pas la même que celle d'été; j'ai constaté que celle-là seule a les spores hérissées de papilles.

mises avec de la terre dans un petit sac, elles furent laissées au fond de ma malle jusqu'à mon retour à Paris, qui eut lieu le 10 novembre. Je vis alors que deux des Truffes, sans doute moins avancées en maturation au moment· de la récolte, étaient restées blanches, tandis que les deux autres avaient pris une teinte brun foncé et étaient assez odorantes. La maturation s'était évidemment continuée après la récolte, et l'on peut croire que la terre qui entourait les truffes l'avait favorisée, au moins en s'opposant à la dessiccation de celles-ci.

Il résulte des recherches de M. Tulasne que l'apparition de la Truffe, véritable appareil de fructification, comme le champignon (*Agaricus campestris*) apporté à nos halles par les maraîchers, est, ainsi que ce dernier, toujours précédée de la production, dans le sol, de filaments blancs qui en constituent le mycelium; seulement ce dernier, permanent dans l'Agaric, est transitoire ou temporaire dans la Truffe, qui, à un certain âge, tire directement du sol, par sa surface, les matériaux nécessaires à son développement.

J'ai constaté, moi-même, en octobre, l'existence de quelques filaments blancs dans les truffières du Poitou; mais à ce moment n'existait plus, autour des Truffes, l'enveloppe signalée par M. Tulasne.

Un point acquis depuis longtemps, c'est que les

Truffes d'une même truffière mûrissent successivement ; les premières mûres peuvent être récoltées dès le mois de novembre, même à la fin d'octobre, tandis que la maturation des autres s'étage durant toute la saison d'hiver, assez souvent jusqu'en avril. M. Ravel compare cette maturation successive des Truffes à celle des figues sur l'arbre qui les porte, en ajoutant que, en général, ce sont les Truffes les plus superficielles qui mûrissent les premières.

Les Truffes se forment-elles successivement, comme on peut être conduit à le supposer d'après l'ordre successif de leur maturation ? Ce n'est pas improbable ; mais l'observation directe fait défaut. Rappell rai-je, à l'occasion de la maturation des Truffes, que, suivant l'opinion de quelques truffiers de Provence dont l'opinion ne peut être soutenue en présence de tous les faits contraires, le développement de la Truffe se compléterait en trente jours, durée de la période lunaire ?

Un climat chaud hâte-t-il la maturation de la Truffe ? On serait disposé à l'affirmer ; mais l'examen des faits n'est pas concluant à cet égard ; parfois même ceux-ci paraissent être opposés aux prévisions. C'est ainsi que la récolte ne commence pas plus tôt en Provence que dans le Périgord, et que la Truffe de Bourgogne compléterait, dit-on, sa maturation dans les premiers jours de l'hiver, de novembre à janvier, époque passé laquelle ce pays, qui suffisait à sa consommation et expédiait même sur Strasbourg, s'approvisionnerait dans le bas Dauphiné et la Provence. Notons, toutefois, que la Truffe de Bourgogne serait la Truffe rousse, suivant MM. A. Passy et Tulasne.

L'essence des arbres trufflers aurait-elle quelque influence sur la date de la maturation? Plusieurs truffiers, dans le Dauphiné surtout, m'ont assuré qu'ils trouvent la première Truffe sous les Charmilles, puis sous les Noisetiers, et seulement en troisième lieu sous les Chênes. Toutefois, Charmilles et Noisetiers surtout donneraient des produits tout l'hiver, mais, ici encore, on peut se demander si la Truffe noire musquée (*Tuber brumale*), qu'on trouve fréquemment sous la Charmille, n'est pas pour quelque chose dans ces observations.

XI.

Culture de la Truffe.

Bien des personnes habituées à croire que la Truffe est toujours une production spontanée ou sauvage seront étonnées d'entendre parler de sa culture. Et cependant cette culture est ancienne, elle est pratiquée en France dans des pays divers, et ses méthodes sont assez variées.

De grande importance par elle-même, la question de la culture de la Truffe l'est plus encore par l'influence qu'elle est appelée à exercer sur la question si capitale du reboisement, les propriétaires étant assurés d'un important revenu, dans les sols calcaires, dès que leurs semis atteindront l'âge de 6 à 10 ans.

Il est vraisemblable que la première méthode de culture de la Truffe consista à essayer de sa reproduction par elle-même, en la mettant en terre soit entière, soit divisée en fragments, ou même, comme on le fait encore en quelques pays pour la pomme de terre, en en réservant les épluchures pour la reproduction.

Des écrits assez anciens traitent de cette culture, quelquefois perfectionnée, dans la pensée des auteurs, par une préparation minutieuse du sol à convertir en truffières, et par l'enlèvement, dans les truffières naturelles, des Truffes qu'on laissait entourées de grosses mottes de terre. De grandes précautions étaient recommandées, quant à l'âge auquel les Truffes de reproduction devaient être prises, quant au mode d'emballage et de déballage des mottes, au choix des journées (un ciel couvert étant de rigueur) pendant lesquelles l'opération devait être faite, aux abris (des branches feuillées) et aux engrais (des feuilles de Chêne, pratique à conserver). En ces dernières années, un savant naturaliste du Midi, M. Fabre, a spécialement recommandé la formation des truffières par le transport du mycelium pris dans les truffières naturelles (1).

Tout cela était peut-être rationnel, mais en pratique l'échec en a été général, complet. Faut-il, en effet, mettre au compte des succès de cette méthode la formation d'une truffière qu'aurait obtenue le cuisinier de M. le comte de Noé en jetant sous une Charmille des épluchures de Truffes?

Théoriquement cela ne paraît pas impossible; en fait, on peut croire que la truffière existait antérieurement (les truffières ne sont pas rares sous les Charmilles), attendu que c'est, dit M. de Noé, *trois ans* après le semis par les épluchures que commença la récolte des Truffes, et l'on sait que la formation des truffières demande, en général, un temps plus considérable. Cette sorte d'expérience se faisait, d'ailleurs,

(1) Pline admettait aussi l'ensemencement des Truffes par elles-mêmes, quand il assurait, au rapport d'Athénée, qu'il n'y aurait pas de Truffes à Mitylène (Médelin, capitale de l'île de Lesbos) si le débordement des rivières n'en apportait pas les semences de Tiard, où elles croissent abondamment.

à l'Ile-de-Noé, département du Gers, dans une contrée où les truffières ne sont pas inconnues. Je donne, d'ailleurs, en note, comme pièce au procès, la lettre écrite par M. de Noé à M. Vilmorin sur ce sujet (1).

(1) SUR LA CULTURE DES TRUFFES.

(Extrait d'une lettre de M. le comte de Noé à M. Vilmorin.)

Voici les explications que j'ai à vous donner à ce sujet :

En allant chez moi, il y a trois ans, en automne, je pris à Cahors une assez grande quantité de truffes. Arrivé à l'Ile-de-Noé, département du Gers, je les fis bien nettoyer; et, d'après les ordres que j'avais donnés, la terre et la pelure de ces truffes furent jetées dans une charmille, tout près de mon château, et sous les chênes.

C'est dans cet endroit, que l'on avait nettoyé, que l'on jeta ces résidus de truffes, et ensuite l'on couvrit ces résidus de terres et de feuilles mortes.

L'année dernière, on a trouvé des truffes, et j'ai vu par moi-même que la terre que l'on en avait enlevée offrait des marques évidentes qu'il existait beaucoup de germes (?) de truffes, semblables à celui des champignons. Cette année, on m'a écrit en avoir trouvé d'assez grosses, on les a mangées et on les a trouvées aussi bonnes que celles de Quercy et ayant autant de goût. On n'avait rien fait depuis que l'on avait déposé ces résidus sous cette charmille, et aucun soin n'avait été donné à cette expérience. Mais, d'après les re-

Quoi qu'il en soit des résultats réellement obtenus chez M. le comte de Noé, toujours est-il acquis qu'on n'exploite nulle part, même en petit, des truffières obtenues par la méthode du semis ou de la transplantation de la Truffe elle-même. Il est douteux qu'une exception doive être faite pour quelques truffières venues, assure-t-on, par semis de la Truffe entre Barbantane et Graveson, vers Charrasson et Alphandery.

Mais il en est autrement de ce qu'on peut nommer la culture de la Truffe sans Truffes, culture indirecte qui consiste à semer des glands pour récolter des Truffes (1). Cette méthode n'est pas elle-même tout à fait moderne, puisque sur deux points opposés de la France,

cherches faites, il paraît que les truffes s'étendent, et que, dans quelque temps, il y a espoir que l'on pourra en trouver une assez grande quantité. Depuis, on a grand soin de ne pas perdre ce que l'on retire des truffes que l'on achète, et on jette la terre, les pelures et l'eau dans laquelle on les lave, dans l'endroit que j'ai indiqué.

Voilà tous les détails que je puis vous donner à ce sujet; ils prouvent que l'on peut parfaitement réussir à propager les truffes.

(1) M. Bedel, inspecteur de l'agriculture, a pu dire : « Une truffière artificielle, c'est simplement la création d'un peuplement de chênes dans de bonnes conditions de sol et de climat. » (BEDEL, *Rapport sur les truffières de M. Rousseau.*)

dans la Provence et le Poitou (nullement en Périgord, comme on eût pu le penser), les paysans récoltent, depuis un temps éloigné, des Truffes là où ils ont semé des glands !

En 1834 M. Delattre, savant botaniste, signala au congrès de Poitiers le succès, déjà ancien, de plantations de bois de Chênes, faites peut-être moins en vue du bois que de la récolte de la Truffe.

C'est d'ailleurs une vieille pratique des ouvriers truffiers, pratique dans laquelle ils cherchent sans doute encore plus leur intérêt que celui des propriétaires, d'enterrer quelques glands aux endroits découverts que, dans leurs tournées, ils reconnaissent convenables à la production de la Truffe.

M. Vittoz possédait au Breuil-Mingot, à 2 kilomètres de Poitiers, un bois qui donnait quelques Truffes; il lui fait donner un léger labour, et la production décuple. Il achète, moyennant 250 francs, un mauvais champ galucheux (pierreux) voisin de son taillis, y sème du gland, et, *quatre ans* (?) plus tard, il y récolte pour 300 francs de Truffes. Un succès analogue aurait couronné les essais du docteur Lepetit dans la commune de Migné.

Mais c'est en Provence, dans les départements de Vaucluse et des Basses-Alpes, que la culture de la Truffe fait les plus remarquables progrès. C'est qu'ici, indépendamment du développement, infiniment plus considérable, qu'ont pris les plantations en vue de la Truffe, une observation nouvelle et capitale, qui assure la fertilité truffière des semis, a été faite.

Les rabassiers de la Provence, comme les truffiers du Poitou, sèment depuis longtemps des glands pour récolter des Truffes; mais, au lieu de prendre les glands au hasard, ils ont soin de choisir exclusivement pour leurs semis les glands venus sur les Chênes truffiers, c'est-à-dire sur les pieds d'arbres producteurs des Truffes. Quant aux glands fournis par des Chênes ne donnant pas de Truffes, ils les mettent à part pour la nourriture de leurs truies.

Et, comme il y a des degrés dans la fertilité des Chênes, ils distinguent même entre ceux-ci les *bons truffiers* des truffiers ordinaires. Ils se gardent surtout de propager les Chênes à Truffe musquée, car ils savent bien que ceux qui donnent la Truffe musquée ne produisent pas de Truffe noire, et réciproquement.

Or les paysans du Ventoux, ceux surtout de Croagne, les plus habiles de la Provence dans ces pratiques, pour eux si lucratives et qui reposaient sur de sagaces observations, tenaient soigneusement leurs découvertes et leurs procédés secrets.

Un jour vint, cependant, où M. A. Rousseau, négociant en Truffes à Carpentras, qui avait des rapports de chaque jour avec les rabassiers et les visitait parfois dans leur pays, connut leurs cultures et les principes sur lesquels celles-ci reposaient. Il résolut, dès lors, d'en faire application dans une terre assez étendue qu'il possède aux portes de Carpentras.

Sur cette terre, qui ne produisait que de maigres récoltes de seigle, il sema successivement des glands de Chênes truffiers (1) :

En 1847 sur. . . .	2 hectares.
1851.	2,50
1856.	1
1858.	1,50
En tout.	7 hectares.

D'un autre côté, de belles plantations étaient faites sur le territoire de Montagnac, petite commune des Basses-Alpes, par M. Martin-Ravel.

M. Martin-Ravel, qui est, comme M. Rousseau, un gros négociant en Truffes, a eu, comme lui, l'intuition de la culture de celles-ci. Il sema de glands truffiers

(1) Les plantations de M. Rousseau sont principalement composées de diverses variétés de Chêne Yeuse (*Quercus Ilex*), de Chêne pubescent (*Q. pubescens*), et de quelques Pins d'Alep (*Pinus halepensis*), le tout entouré d'une haie de Chêne Kermès ou Garrouille (*Q. coccifera*).

une surface de 6 hectares sur le plateau de Montagnac, dans un sol maigre et caillouteux. A cette première culture, qui date de douze ans et est en bon
rapport, il en a ajouté de nouvelles qui ne couvrent
pas moins de 30 hectares. Stimulés par son exemple,
ses voisins ont, à leur tour, mis en truffières une étendue de plus de 300 hectares.

Comme M. Rousseau, M. Ravel sème et recommande les glands des Chênes truffiers; mais il ne
s'adresse pas aux mêmes essences. M. Rousseau a
donné la préférence aux Chênes verts ; lui préfère les
Chênes à feuilles caduques. Peut-être son terrain, plus
élevé et un peu plus froid, justifie-t-il ses préférences.
Il n'admet pas la supériorité de la Truffe de l'Yeuse
sur celle du Chêne Rouvre (1) ; et peut-être est-il
dans le vrai, le Périgord, qui a fait la réputation des
Truffes, n'ayant pas de Chênes verts. Mais, en suppo-
sant encore que la précocité soit la même, en est-il
de même quant à la fertilité truffière. J'avoue que le
nombre des trous de fouille que j'ai comptés en février à Carpentras et à Montagnac disposerait à penser

(1) J'évite de me servir du nom de Chêne *blanc* donné à
tort dans le Midi au Chêne noir ou Rouvre, ainsi qu'au
Chêne pubescent (cette dernière espèce étant toutefois dési-
gnée, en quelques localités de Vaucluse, etc., sous le nom de
Chêne gris).

que la fertilité la plus grande est du côté des Chênes verts.

Du reste, tous les pays n'ont pas, comme l'heureuse Provence, le choix entre le Chêne vert et les Chênes à feuilles caduques; il faut que le Centre, le Nord, et au Sud les altitudes haute et même moyenne, se contentent de ces derniers.

L'évaluation des revenus ne serait, pas d'ailleurs, défavorable aux Chênes verts. En effet, tandis que ce revenu est porté à Carpentras, pour la moyenne annuelle d'une plantation de douze ans environ, à 800 fr. l'hectare, elle ne dépasserait pas 600 à 700 francs l'hectare à Montagnac; mais je me hâte d'ajouter qu'ici les plantations n'ont que 12 ans, et que 2 hectares de Chênes à feuilles caduques ont produit chez M. de Mallet, à Sorges, des Truffes pour une somme de plus de 2 000 francs.

Des cultures truffières régulières, c'est-à-dire établies en vue de la Truffe et non du produit des bois, avaient été faites en Provence avant celles de M. Rousseau et de M. Ravel. Seulement on ne saurait affirmer que pour ces cultures il ait été tenu compte de la qualité truffière des Chênes auxquels étaient empruntés les glands pour semis.

C'est ainsi qu'on traverse sur le plateau qui précède Montagnac en venant de Riez, un champ à céréales sur lequel sont espacés, à des distances de 20 mètres environ, de gros Chênes paraissant avoir de cinquante à soixante ans d'âge (un rabassier de Montagnac était occupé à les fouiller avec sa truie au moment de mon passage).

On cite, pour leur ancienneté et leur importance, les cultures truffières établies, en 1824, par M. le baron d'Éguines, et celles, plus récentes, de M. le marquis des Isnards à Martinet, de M. de Villeneuve à Valensole.

On peut rapprocher de ces véritables cultures, dans lesquelles, par l'observation de quelques conditions plus loin énumérées, la Truffe est le seul objet en vue, les plantations de bois dans lesquelles on se propose à la fois les productions truffière et forestière. Telles sont celles de MM. de Mallet et Martin, en Périgord, des communes du Ventoux, des propriétaires du Poitou surtout vers Loudun et Civray, de la Touraine vers Chinon et Richelieu, de l'Angoumois aux environs de Basses.

M. de Mallet, propriétaire à Sorges, fit planter de Chênes environ 2 hectares de son parc, et telle fut la production truffière qu'après huit ou dix ans il avait des récoltes annuelles dépassant une valeur de 2 000 francs. Mais, dans la plantation trop serrée, l'ombre vint bientôt couvrir les clairières, et la Truffe ne se montrait plus que sur les bordures quand des éclaircies intelligentes viennent de rendre au bois sa fertilité première.

M. Martin, maire de Mazon, rapporte qu'un de ses parents retire plus d'argent d'une truffière formée en lieux arides que du meilleur pré.

Les communes du Ventoux, possesseurs d'immenses espaces caillouteux, se sont mises depuis longtemps à opérer des reboisements dont la Truffe sera peut-être toujours le revenu principal.

Quant aux propriétaires du Poitou et des pays limitrophes, la plantation de bois pour truffières dans leurs terres galucher~es est une vieille pratique, qu'ils appliquent régulièrement et successivement, par rotations de vingt-cinq à trente-cinq ans, périodes dans lesquelles leur paraît, à tort, comprise la production des arbres truffiers.

D'ailleurs, en Poitou comme en Provence, la création de truffières par semis de glands prend une nouvelle et grande extension. A quelques kilomètres de Loudun, j'ai vu cette année, chez M. Foucault, près de 20 hectares de jeunes bois ; autant chez ses voisins (M. Duchesne, etc.). Nul doute que cette contrée ne soit appelée à être l'un des grands et bons centres truffiers de la France, le jour où elle aura achevé de couvrir de bois de Chênes ses pierreuses et maigres galuches, en disposant les plantations plus en vue de la Truffe que de taillis, d'ailleurs toujours mal venant dans les rocailles qui doivent rester le domaine de la Truffe.

De tels exemples, de si avantageuses pratiques devraient être plus imités : dans la France méridionale, dont les garigues arides deviendront de riches truffières par les semis de Chênes verts ou de Chêne pubescent (des Chênes à feuilles caduques le meilleur truffier et le plus approprié au climat de nos départements du midi), dans les terres calcaires si maigres et à sous-sol si perméable de la Champagne, d'une partie de la Bourgogne, de la Franche-Comté, du Dauphiné, etc. Qu'on ne perde pas de vue que la Truffe ne demande que les terres les plus stériles de nos formations calcaires, que les climats propres à la Vigne sont ceux qui lui conviennent le plus, et que sa culture, peu coûteuse ou même nulle à la rigueur, puisqu'on peut, jusqu'au jour de la récolte, abandonner (ce que toutefois je ne conseille pas) les plantations après le semis, comptera longtemps parmi les plus rémunératrices. Quelle que soit, en effet, l'extension donnée aux truffières, la France sera pour la Truffe, plus encore que pour le vin, le grand marché du monde.

Mais si, au résumé, pour récolter des Truffes, il

faut semer des glands, et pour plus de sûreté des glands truffiers, ceux surtout du Chêne Yeuse, du Chêne pubescent et du Chêne Rouvre, il faut, en outre, pour hâter la production, la porter au maximum et la rendre durable, observer certaines conditions que nous allons passer rapidement en revue.

Semis. — Il faut considérer, dans les semis, le choix des glands, la saison, les distances, l'orientation.

Bien qu'on ne se rende pas un compte satisfaisant des relations entre la nature des glands choisis et la production des truffières, il sera toujours sage de n'admettre au semis que des glands fournis par les espèces les plus truffières (*Quercus Ilex*, *Q. pubescens*, *Q. sessiliflora*), et, de plus, provenant d'arbres ayant une truffière à leur pied. On aura d'ailleurs égard au climat pour le choix entre ces espèces (*Q. Ilex* en Provence, *Q. pubescens* dans le Midi et le Centre, *Q. sessiliflora* dans le Nord). Que les glands ainsi choisis doivent leur qualité truffière à une idiosyncrasie héréditaire, qui rend les individus qui en proviendront plus aptes que d'autres à faire développer des germes venus on ne sait d'où, ou qu'ils aient apporté ces germes avec eux, la pratique a prononcé, et tout planteur prudent devra y avoir égard. Si, comme plusieurs seront portés à le croire, le gland emporte avec lui les germes, les fines spores des Truffes attachées par leurs papilles aux aspérités de leur sommet ou de leur base, on se mettra dans les meilleures conditions en employant les glands tombés sur le sol des truffières plutôt que ceux qui pourraient être cueillis à la main sur l'arbre avant leur chute.

La saison la plus favorable aux semis est le commencement du printemps, beaucoup des glands que l'on confie au sol avant l'hiver étant la proie des mulots, des geais, des corneilles, etc. Cependant le semis peut être fait avant l'hiver quand, comme dans le Loudunois, on sème, sur la ligne même du labour frais, par poignées distantes, puis qu'on donne un hersage, rendant la surface du sol homogène, et déroutant ainsi les recherches des animaux glandivores.

Il est inutile de dire que, pour le semis d'après l'hiver, les glands doivent être placés, peu après leur récolte, en stratification avec du sable. On évite très-bien alors, à l'époque du semis, les pertes par rupture des radicelles ou des germes en faisant les stratifications dans de mauvais tonneaux, dont on n'a plus qu'à faire sauter les cercles pour retirer les glands sans nul froissement ou dommage. Je peux garantir les avantages de ce mode de stratification, que j'ai pratiqué pour mes semis forestiers (glands, châtaignes, graines de Pins) après l'avoir vu en usage chez M. André Leroy, à Angers.

Les semis seront faits en lignes orientées du Sud au Nord, de façon que le plein soleil et l'ombre visitent alternativement les entre-lignes. Ce précepte, bon pour le Midi, doit être, pour le Centre et le Nord, une loi absolue.

Les distances à observer sont les suivantes : 6 à 10 mètres d'une ligne à l'autre (comme le font MM. Rousseau et Ravel), mais seulement 40 à 50 centimètres sur les lignes elles-mêmes.

On pourrait ne mettre d'abord les lignes qu'à 3 mètres l'une de l'autre, mais il faudrait alors en enlever une sur deux ou deux sur trois lorsque la plantation aurait grandi, vers l'âge de 10 et de 20 ans. Par là on ferait, il est vrai, une récolte de bois, mais on jetterait quelque trouble dans les truffières.

Quant à la plantation faite sur les lignes mêmes, on ne la fait si rapprochée que pour se ménager la possibilité d'éclaircies successives qu'on commencera quand le plant *marquera*, vers l'âge de 6 à 8 ans, en ayant soin d'enlever de préférence les jeunes Chênes au pied desquels des truffières ne se formeraient pas ; si cela est nécessaire, on n'hésitera pas à sacrifier ici la régularité de l'espacement à l'abondance des produits. On peut admettre qu'en moyenne, et sur les maigres sols où doit être surtout cultivée la Truffe, l'espacement sur les lignes sera suffisant à 1 mètre pour le plant de 12 ans, à 2 mètres pour le plant de 20 ans, à 3 ou 4 mètres pour les vieux arbres.

Dans le Loudunois, où, convaincu à tort que les Chênes ne produisent plus de Truffes quand ils ont atteint 30 ans, on a surtout en vue la production forestière, les lignes sont espacées seulement de 1 mètre à 1^m,50, et les glands sont placés sur les lignes par groupes de cinq à six et à une distance d'environ 0^m,60. Bonne pour le boisement simple, cette pratique amène nécessairement la destruction des truffières, tant par l'ombre des arbres que par leur mise en coupe.

Le semis des glands par groupe, fait en vue des dommages que peut éprouver le semis de la part des animaux ou par toute autre cause, présente un inconvénient grave dans la création des truffières, par la difficulté qu'il oppose au choix des pieds truffiers à conserver, à l'exclusion de ceux qui sont infertiles.

On pourrait remplacer les semis en place par du plant de pépinière âgé de 2 à 3 ans; mais peut-être l'économie de terrain et de frais de culture qu'on ferait ainsi pendant deux ou trois ans serait-elle trop compensée par une diminution de l'aptitude truffière. En l'absence d'essais comparatifs, je pense qu'on devra s'en tenir au semis en place.

Labours. — Le sol dans lequel on se propose de créer des truffières ne demande pas une défonce profonde ; un ou plusieurs labours (suivant les herbes à détruire) engagés de 0^m,20 seront suffisants. Après les semis, les labours d'entretien ne devront avoir que 0^m,10 à 0^m,15.

Jusqu'à ce que les truffières marquent, savoir pendant les cinq à six premières années de la plantation, on donnera deux labours par an, au printemps et en automne. Mais, dès que les truffières apparaîtront, on ne conservera que le labour du printemps, l'expérience ayant établi que la terre des truffières ne doit plus être remuée, passé le mois de mai, sous peine d'arrêter la production de celles-ci, au moins pour un certain temps. L'expérience a aussi établi que les labours profonds, ceux à la bêche notamment, amènent la perte des truffières.

D'autre part c'est retarder de plusieurs années la formation des truffières que de ne plus labourer le sol, ainsi que cela a lieu dans le Poitou, une fois le gland mis en terre. Dans ce cas la Truffe ne marque qu'à dix ou douze ans, au lieu de le faire de six à huit ans.

C'est un des grands avantages des lignes distantes de plusieurs mètres, de faciliter les labours et les hersages qui doivent suivre ces derniers. On peut d'ailleurs, dans les premières années des semis, récolter sur le milieu des entre-lignes quelques produits annuels (céréales, racines, etc.) qui payent les frais de culture et le loyer du sol.

Le labour qu'on donne aux plantations, consécutivement à la récolte, présente plusieurs avantages. Il favorise la végétation des arbres, l'extension et la fertilité des truffières, le volume des Truffes et leur forme arrondie, qualités qui ajoutent beaucoup à leur valeur marchande. Dans les pays où, comme le Poitou, on n'a pas de plantations truffières assez régulières ou suffisamment espacées pour y faire passer la charrue, les propriétaires soigneux sont dans l'habitude de donner, après la récolte, un petit binage au pied de chaque arbre truffier. Dans le Périgord et la Provence, les rabassiers qui afferment la récolte des Truffes exigent généralement des propriétaires que ceux-ci fassent biner, au moins tous les deux ans, la surface des truffières.

L'instrument usité pour ces binages n'est pas coupant, comme la bêche ou la houe, mais formé d'une ou de deux pointes propres à remuer le sol sans endommager les racines. Les rabassiers estiment que le fouillage par le groin du cochon favorise la production truffière; ils laissent d'ailleurs les trous de fouille ouverts pour qu'ils se remplissent de feuilles, qu'ils regardent comme un bon engrais.

C'est un fait bien connu que les truffières se rattachant aux arbres des bois placés en bordure de champ de céréales ou de vignes profitent des labours donnés à ces champs, leurs Truffes étant souvent plus abondantes, toujours plus grosses et plus arrondies que celles des terres incultes placées de l'autre côté des mêmes arbres.

ENGRAIS. — Les opinions sont controversées sur l'utilité des engrais. Beaucoup rejettent l'emploi des fumiers, non-seulement comme inutiles, mais même comme nuisibles. C'est l'avis de M. A. Rousseau, qui assure que les déchets de la Truffe, dont il dispose par grandes quantités, et qui sont un engrais très-riche pour les céréales, peuvent amener la destruction des truffières. Des essais multipliés l'ont toujours conduit à la même conclusion, bien éloignée, on le voit, de celle tirée par M. le marquis de Noé, qui a cru que ces mêmes déchets avaient formé chez lui une truffière. M. Rey, qui possède à Saumane

200 hectares de bois truffiers, n'est pas moins opposé que M. Rousseau à l'emploi des fumiers.

Mais si l'utilité des fumiers proprement dits est mise en doute, ce qui, d'ailleurs, s'accorde mieux avec la préférence marquée qu'ont les Truffes pour les terres maigres qu'avec leur composition phospho-azotée, il en est autrement des feuilles, surtout de celles, riches en tannin, du Chêne et du Châtaignier, que beaucoup regardent comme des plus favorables à la production truffière.

C'est sans doute comme ces feuilles qu'agiraient les épluchures de châtaignes, employées avec succès, dit-on, ainsi que l'eau dans laquelle les châtaignes ont cuit, par M. Chavoix, ancien député et proprié-taire de riches truffières à Excideuil.

AMENDEMENTS. — La culture rémunératrice de la Truffe suppose le choix d'une terre naturellement propre à cette culture, ce qui exclut les amende-ments. Mais il n'en serait plus ainsi dans une culture de fantaisie ou de luxe, dans ce qu'on pourrait consi-dérer comme *l'horticulture* de la Truffe.

Dans ce dernier cas, on pourra améliorer les truf-fières, ou même les rendre possibles là où elles ne s'établiraient jamais naturellement, en ajoutant au sol une suffisante quantité de calcaire. Le marnage devra élever la proportion de calcaire du sol arable à 3 ou 4 centièmes de sa masse.

Du sable pourrait aussi être utilement ajouté à une terre trop argileuse, et réciproquement.

Peut-être encore se trouverait-on bien de mêler au sol, s'il en est trop dépourvu, un peu d'oxyde de fer ou d'une terre ferrugineuse; non qu'un certain excès de fer soit nécessaire (?) à la production en elle-même, mais parce qu'il semble ressortir de l'observation qu'il ajoute au parfum de la Truffe et à la fermeté de sa chair.

La composition de la cendre des Truffes indique d'ailleurs que des phosphates et de la magnésie pourront être ajoutés utilement au sol.

IRRIGATIONS, ARROSEMENTS. — Il est d'observation générale que, si les pluies manquent en été, il y aura disette de Truffes. Ce qui a fait dire à M. Decaisne, comparant la Truffe à d'autres champignons : pluie d'avril, abondance de Morilles; pluie de mai, beaucoup de Ceps; pluie d'août, fertilité des truffières (1).

(1) N'est-il pas superflu de tirer de cette influence favorable de la pluie sur les champignons, y compris la Truffe, une objection nouvelle à la théorie de la mouche galligène?

Si les pluies manquent, pourrons-nous les remplacer par des irrigations ou des arrosements? Ce sera, en beaucoup de cas, économiquement ou même absolument impossible. Mais, la possibilité admise, quels en seront les avantages et les inconvénients?

Il nous paraît que les arrosements, sorte de pluie artificielle, pourront avoir tous les avantages de la pluie elle-même, peut-être même plus d'avantages, en raison des sels calcaires en dissolution dans l'eau; mais les expériences faites doivent rendre très-réservé en ce qui touche les irrigations, sinon quant au principe, du moins dans leur mode d'application.

J'ai rappelé que Bruyerin, médecin de François Ier, avait conseillé l'irrigation des truffières. M. A. Rousseau, actionnaire du canal de Carpentras qui traverse son domaine, a voulu profiter de la situation exceptionnellement avantageuse dans laquelle il était placé pour irriguer ses belles plantations truffières. Mais le résultat n'a pas répondu à son attente; il a même été défavorable, sans doute par la difficulté que la disposition du terrain, en plaine basse, apportait à la retraite des eaux. Les irrigations semblent donc être contre-indiquées dans les terres non susceptibles d'un parfait et assez rapide assainissement. M. Rousseau paraît s'être mieux

trouvé d'une sorte d'irrigation par imbibition, obtenue en remplissant d'eau les fossés qui entourent ses
champs truffiers.

RECEPAGE, ÉLAGAGE. — L'abatage ou recepage des
arbres truffiers fait disparaître pour toujours, ou du
moins pour une longue période d'années, les truffières qui existaient au pied de ces arbres ; l'élagage
des maîtresses branches d'un gros arbre a des résultats, sinon aussi complets, du moins de même ordre.
Telle est l'opinion de tous les trufficulteurs de la Provence et du Périgord. Des faits nombreux et positifs
m'ont été cités à son appui ; je crois donc très-fondée
cette opinion, malgré les doutes émis par quelques
propriétaires du Poitou, qui auraient dû, cependant,
y être conduits les premiers par cette observation,
que leurs bois cessent généralement de produire des
Truffes après qu'ils ont été mis en coupe.

Comme application de ce qui précède pour la direction des jeunes plantations faites en vue de la
Truffe, on ne devra pas attendre que les sujets aient
pris de la force pour les former par le retranchement
des branches basses, mais bien enlever celles-ci encore faibles et presque à mesure de leur production.
L'abandon des plantations à l'état de touffe ou de
buisson a d'ailleurs un inconvénient, celui de beau-

coup gêner la fouille pendant les premières années de production, les Truffes se trouvant alors engagées tout près du pied de l'arbre.

A mesure que les arbres grandissent, la truffière s'en éloigne en décrivant autour d'eux un cercle qui va en s'agrandissant, parallèlement à la couronne des branches ou, mieux, des racines.

Des botanistes ont cru voir dans la disposition en cercle des truffières un phénomène de même ordre que celui offert par un grand nombre de champignons épigés; mais une explication plus juste se tire de la disposition plus ou moins circulaire de l'ensemble des radicelles placées à la périphérie du système souterrain de l'arbre, et des rapports intimes qui existent entre le chevelu ou les extrémités de ces radicelles et la production des Truffes.

AGE DES ARBRES. — Jusqu'à quel âge les arbres peuvent-ils entretenir la production truffière? Pour les habitants du Poitou, pour ceux surtout du Loudunois, le Chêne cesserait de donner des Truffes à 25 ou 30 ans; de là les rotations de cultures établies par eux en vue de la production truffière. Pour M. Loubel, président du comice agricole de Carpentras, pour M. A. Rousseau, pour M. Martin-Ravel, et j'ajouterai, pour presque tout le monde, en dehors des Poitevins, la fertilité de l'arbre truffier est indéfinie ou du moins très-longue, n'étant limitée peut-être que par une production insuffisante du chevelu des racines, alors que l'arbre est en décrépitude. J'ai vu de très-vieux arbres, encore bons truffiers, en Provence, en Dauphiné, et même en plein Poitou, sur les bordures des bois. Un vieux Chêne vert, plus de deux fois séculaire, existe à Boigne, près Saint-Saturnin (Vaucluse), où il couvre une truffière mesurant 2 éminées, et l'on cite au Puy-Brion, commune de Parme, une rangée de Chênes Rouvres, vieille d'environ 100 ans, qui donne de nombreuses Truffes.

J'ai dit que les habitants du Poitou estiment que leurs bois cessent de donner des Truffes quand ils ont atteint l'âge de 25 à 30 ans. C'est là une erreur qu'explique leur mode de plantation du Chêne à 1 mètre environ seulement, plantation serrée qui amène la disparition des truffières par l'ombrage des arbres, sans parler de l'exploitation en taillis, erreur dont aurait dû les préserver la persistance de truffières sur le bord des bois, notamment sous les vieux arbres qui ont échappé au recepage, ainsi que je l'ai fait remarquer, aux environs de Loudun même, à M. Foucault, propriétaire de nombreux bois truffiers.

Voici, du reste, par dates, l'âge, régulièrement constaté, d'un certain nombre de truffières artificielles du département de Vaucluse :

Truffières de MM. Talon, à Saint-Saturnin-les-Apt, âgées
de. . . . . 57 ans.
— Carbonel et Vaison, à Roussillon et environs de Fontaube. . . . . 55 —
— Vendran, à Bédoin, au pied du Ventoux. . . . . 50 —
— D. Bernard, maire d'Apt, à Saignon. . . . . 41 —
— Dauberte, à Bédoin.. . . . . 25 —
— Jean, à Bédoin. . . . . 24 —
Guillibert, président du tribunal d'Apt, à Bnoux et Bonnieux. . . . . 22 —
— Rousseau, à Carpentras, de 12 à 21 —
— Agnel, aux Agnels.. . . . . 20 —
— Henry Bonnet, à Apt. . . . . . 19 —
— Gerbaud, à Bédoin. . . . . 18 —
— Martin-Ravel, à Montagnac, de 6 à. . . . . 12 —

Du reste, presque toutes les communes du Ventoux, Flassan, Villes, Bonnieux, Mormoiron, Sault, Malaucène, les Olasarts, les Beaux, les Héritiers, etc., ont, comme Bédoin même, de petites et multiples truffières artificielles, de date inconnue et provenant de semis faits par les rabassiers dans leurs voyages d'exploitation.

Au résumé, il ressort de quelques-unes des dates ci-dessus rappelées que la production n'est aucunement limitée, comme on le croit en Poitou, à un âge compris dans la jeunesse des arbres.

Que si, après avoir considéré l'âge limite, on recherche l'âge initial de la production truffière, on arrive à reconnaître que, sous l'influence de soins convenables de culture, comme ceux donnés aux plantations de M. A. Rousseau dans Vaucluse, de M. [Ravel dans les Basses-Alpes, les premiers produits se récoltent sous des plants de 5 à 6 ans, que le rapport est notable vers 8 ans, au maximum peut-être de 15 à 25 ans; tandis que, dans les semis négligés et trop serrés du Poitou, la récolte ne commence qu'à 10 ou 12 ans, pour s'arrêter vers 30 ans, sous la double influence de l'ombre des fourrés et du recepage des plantations.

GREFFE. — M. Martin-Ravel a recherché, par l'expérience, si la greffe des Chênes truffiers sur des Chênes ne l'étant pas pourrait amener la formation de truffières sous ces derniers. Il entrevoyait, si le succès répondait à son attente, la possibilité de multiplier rapidement la production des Truffes en communiquant à des sujets déjà grands les qualités des arbres ayant fourni les greffes. Mais les résultats n'ont point répondu aux espérances ; peut-être eût-on pu les prévoir en considérant : 1° que, pour greffer, il faut rabattre les sujets, et que l'élagage des arbres détruit ou du moins suspend pour long-temps la fertilité des truffières ; 2° que la truffière est subordonnée aux racines et que celles du sujet ne sauraient être modifiées par la greffe ; de même que, lorsqu'on greffe un Abricotier sur un Prunier, etc., tout ce qui est au-dessous de la greffe reste Prunier.

XII.

Récolte.

La récolte de la Truffe a lieu successivement, comme sa maturation, de novembre à mars ; il est rare qu'elle commence plus tôt, presque aussi rare qu'elle se continue en avril, le réchauffement de l'atmosphère et du sol amenant la décomposition rapide des produits non encore récoltés.

Cette récolte, dans laquelle on s'aide le plus souvent des signes indicateurs de l'existence des truffières (sol dénudé, fendillé, parfois fréquenté par des mouches (1), etc.), quelquefois de marques faites d'avance aux arbres ou d'observations particulières et variables, a lieu par divers modes qu'on peut rattacher aux trois chefs suivants :

1° Recherche et récolte à l'aide du porc ;

2° Recherche et récolte avec le concours du chien ;

3° Recherche et récolte par l'homme seul.

1° *Recherche et récolte par le porc.* — On emploie à cette recherche soit le porc mâle, soit, le plus souvent, la truie. La préférence est accordée à celle-ci en raison de sa docilité un peu plus grande, de son odorat en général plus fin, et surtout parce qu'elle donne une portée de porcelets qui représente, pendant une assez longue période, un revenu annuel.

Le porc chasse ordinairement au vent, comme le chien. Il aspire les émanations de la Truffe, parfois de fort loin, de 40 à 50 mètres, si son nez est fin et s'il est mené à bon vent. Il va droit à la Truffe, enfonce son groin en terre, à une ou plusieurs reprises, suivant que la Truffe est superficielle ou profonde, et

(1) La recherche de la Truffe *à la mouche* a lieu surtout en été pour la Truffe blanche vers Quinson et Valensole (Basses-Alpes), suivant M. Ravel.

met, dans tous les cas, celle-ci à nu dans un temps très-court. Le porc a deux manières de compléter son travail, manières en rapport avec les habitudes qui lui ont été données : le plus ordinairement, il passe son nez au-dessous de la Truffe, qu'il soulève et rejette sur le sol; d'autres fois, il arase la Truffe, rejetant la terre placée au-dessus d'elle, mais la laissant en place au fond du trou, d'où le rabassier l'enlève en passant par-dessous une sorte de couteau à lame épaisse et longue. J'ai vu, à Montagnac, les porcs arracher la Truffe, qu'à Carpentras ils arasaient ou mettaient seulement à nu.

Que le porc ait soulevé la Truffe ou qu'il l'ait seulement arasée, il tient son travail pour complet, regarde le rabassier et attend son salaire, consistant en quelques glands (parfois quelques grains de maïs) que le rabassier lui jette aussitôt. On n'a garde de l'oublier, car il témoignerait son mécontentement par des grognements et surtout en refusant de se remettre en chasse. A-t-il eu, au contraire, ce qu'il considère, et non sans raison, comme son légitime salaire, il repart aussitôt pour continuer ses re-cherches.

Aussi gourmand de Truffes qu'il est vorace, le porc reviendrait volontiers à ses instincts; mais, après chacune de ses découvertes, le rabassier écarte son groin de la Truffe avec l'extrémité d'un bâton terminé par une pointe de fer, quelquefois même utilisée à lui faire rendre gorge. Mais il est bien rare qu'une journée se passe sans que quelque truffette, que le porc croit ne pas avoir été vue de son maître, en raison de son très-petit volume, ne passe lestement dans son estomac.

On doit toujours d'ailleurs faire manger le porc avant de le conduire à la récolte; par là on diminue sa voracité et l'on soutient ses forces. Ainsi tel chien mal dressé, qui, conduit à la chasse après un bon repas, rapporte à son maître la pièce tuée, avale celle-ci s'il a grand faim.

Le porc peut chasser depuis l'âge de 2 ans jusqu'à 15, 20 et même 25 ans; comme le chien de chasse, il n'a toutes ses qualités qu'à l'âge de 3 à 4 ans. S'il est jeune et fort, il peut chasser tous les jours; mais le plus souvent on lui donne quelque repos, soit à certains jours, soit vers le milieu de la journée. C'est le matin et le soir qu'il chasse le plus volontiers et le plus fructueusement. Dans les courtes et froides journées d'hiver, le porc peut chasser tout le jour; mais en été, époque où l'on ne récolte d'ailleurs que la Truffe blanche, on le laisse se reposer de 10 heures du matin à 2 heures du soir. La pluie et le grand vent nuisent à son odorat, qu'exaltent, au contraire, un temps sec et une terre fraîche sans être mouillée. La neige n'empêche aucunement le porc de sentir la Truffe.

Tous les porcs sont susceptibles d'être employés à la recherche des Truffes; mais ils n'ont pas tous la même finesse d'odorat; de là des chercheurs médiocres, bons et très-bons. On comprend, dès lors, que la remonte de l'étable d'un trufflier demande des tâtonnements, des précautions, et soit, à un certain point, aléatoire.

Pour l'élève et le choix d'un porc trufflier, on a égard aux qualités des parents, l'influence héréditaire se faisant ordinairement sentir. On essaye d'ailleurs la sensibilité olfactive de l'animal en cachant de petites Truffes, et observant la facilité, variable, avec laquelle celui-ci les découvre. Si le rabassier va au marché pour y acheter un porc de chasse, il se place sur un point où doivent passer les porcs, met une Truffe sous son pied, et tient note des animaux qui, attirés par l'odeur de celle-ci, font mine de vouloir la prendre.

La recherche de la Truffe par le porc est de toutes la plus productive, les conditions étant d'ailleurs égales, en raison de la sûreté de nez de l'animal et de la rapidité merveilleuse avec laquelle il fouille le sol. On cite, à Montagnac, un rabassier qui, avec

une excellente truie et dans de riches localités truffières, récolta en deux jours 35 kilog. de Truffes !
C'est d'ailleurs, et avec raison, le mode de recherche
de beaucoup le plus répandu, et à peu près le seul
usité dans le Périgord, le Languedoc et la Provence ;
quelques chiens sont cependant employés ici vers
Capdenac, Perthuis, etc., mais, le plus souvent, ils y
sont la propriété de maraudeurs.

2° *Recherche et récolte par le chien.* — Le chien
est employé à la recherche de la Truffe dans le
haut Dauphiné, la Champagne, la Bourgogne, la
Bresse, les environs de Paris, sur quelques rares
points de la Provence, du Languedoc et du Périgord.

On peut dire, d'une façon générale, que le chien
n'est employé à rechercher la Truffe que dans les
contrées où celle-ci n'est pas très-abondante, l'exploitation des contrées truffières les plus riches étant,
au contraire, le domaine du cochon. A cela, il y a
cette très-bonne raison que le chien, plus alerte et
plus docile, peut seul parcourir rapidement de
grands espaces, sans quitter la direction que lui
donne son maître. Le chien est plus particulièrement
encore l'aide du truffier marron, qui braconne le
jour, et souvent au clair de la lune, dans les bois
dont le parcours lui est interdit. Leste à la recherche,

prompt à la retraite, le chien peut seul être le compagnon du maraudeur.

Les chiens dressés à la chasse de la Truffe portent presque partout le nom de *Loulou* ou celui de *Mouton*. Ce sont des roquets de petite taille, à poils ras, ou des barbets. Les chiens de chasse sont rejetés comme pouvant être détournés de la recherche de la Truffe par celle du gibier.

On dresse généralement le chien en le faisant chercher, cachées sous un peu de terre, de petites Truffes d'abord accompagnées d'un morceau de lard, lequel est abandonné comme récompense ; puis on supprime le lard, et un morceau de pain lui est donné après la découverte de la Truffe. Plus tard, en chasse, le petit morceau de pain sera donné à Loulou, après chaque Truffe signalée ; c'est l'équivalent du gland jeté au cochon.

On s'attache d'ailleurs, autant que possible, à élever les petits de parents bons chasseurs de Truffes.

Le chien évente les truffières, s'en approche en en aspirant l'arome, et s'arrête sur les Truffes mûres, qu'il cherche à déterrer en grattant vivement le sol droit au-dessus d'elles. Si la Truffe est superficielle, il l'extrait et la rejette derrière lui. Mais, pour peu qu'elle soit profondément placée, le rabassier complète la fouille avec l'extrémité d'une houlette ou avec une sorte de couteau à forte lame.

Il arrive que les chiens, en fouillant vivement sur des pentes rapides, projettent sur ces pentes les Truffes, qui descendent au loin et souvent sont perdues pour les rabassiers. De là, dans les pays à collines fort déclives, l'habitude où sont ces derniers de dresser leurs chiens à marquer seulement de la patte la place où est la Truffe.

Le chien du rabassier se passionne d'ailleurs pour son métier, comme le chien de chasse pour le gibier. On le voit quelquefois, quand il trouve une belle Truffe, marquer sa joie par des cris ou une sorte de rire ; être triste, au contraire, et porter la queue entre les jambes quand il a été malheureux dans ses recherches (1).

3° *Recherche par l'homme seul.* — Le chien est inférieur au porc ; l'homme, avouons-le, est ici inférieur au chien lui-même. Guidé seulement par les signes généraux de la présence des truffières, il fouille au hasard à la pioche dans toute l'étendue de

(1) Le chat, suivant M. Vergnes, pharmacien à Martel, est friand de Truffes, goût qui permettrait de l'utiliser à leur recherche, si cet animal était plus susceptible d'éducation. Mais on sait que le chat est plutôt campé dans nos habitations que domestiqué.

celles-ci. Parfois alors, surtout s'il opère dans un terrain qui ne lui est pas bien connu, il perd son temps à retourner la terre, ici d'une truffière qui n'est qu'en formation, là d'une truffière en train de disparaître, soit parce qu'on a recepé ou élagué l'arbre, soit parce qu'une fouille antérieure a eu lieu trop profondément ou avec des instruments plus coupants qu'effilés en pointes, etc.; et, dans le cas le plus favorable, celui où il a affaire à une truffière en bon rapport, la peine qu'il se donne pour recueillir un poids donné de Truffes est hors de toute proportion avec le résultat obtenu. Ajoutez que le produit de sa récolte, composé de Truffes à tous les degrés de maturation, est de qualité très-inférieure. Soyons assurés que la mauvaise réputation des Truffes de certains cantons a pour cause principale, souvent exclusive, la récolte qui en a été faite par l'homme, le plus imparfait des chercheurs de Truffes.

Profondeur du gisement des Truffes.—Les Truffes se trouvent dans le sol à toutes les profondeurs, depuis l'extrême surface jusqu'à 1 mètre environ.

Parfois la Truffe dépasse le sol par sa portion supérieure; assez souvent, elle est assez près de la surface pour soulever la terre en petite taupinière ou produire de légères fentes, sûrs indices pour les gens

11.

du métier qui trouvent fort bien des Truffes en passant un doigt dans ces fentes ou taupinières ; le plus souvent elle est engagée de 10 à 25 centimètres ; et l'on cite des Truffes observées à 60 et 82 centimètres (Bressy, de Pernes) ou même à 1 mètre (P. Achard, de Tullins) quand le sol est meuble et profond.

En général, les Truffes les plus voisines de la surface sont les premières à mûrir.

Il arrive souvent que la fouille soit abandonnée quand la Truffe, d'ailleurs signalée par le chien ou le cochon, est située très-profondément : le rabassier craint alors une sorte de *faux arrêt*. En ce cas j'ai vu un homme (P. Achard) dont l'odorat était assez fin pour reconnaître, à l'odeur de la terre qu'il retirait du trou, si la Truffe existait réellement, et si, par conséquent, la fouille devait être continuée ou abandonnée.

Abondance de la récolte. — L'abondance de la récolte est subordonnée à la climatologie de l'année, au sol, à l'âge des plantations, etc. On trouve assez souvent les Truffes rapprochées par 2 à 3 ou même plus, et comme enchevêtrées en une sorte de grappe. Ailleurs, elles sont distinctes, quoique rapprochées. C'est ainsi qu'on a retiré, en Vaucluse, 17 Truffes d'un seul trou de fouille par une truie et qu'une seule *trifouillière* (1) de Tullins (Isère), située au pied d'un vieux Chêne, donna une année plus de 800 Truffes (P. Achard). J'ai cité un rabassier de Montagnac (Basses-Alpes) qui en deux jours avait récolté 35 kilogrammes de Truffes. On peut admettre que 2 à 3 kilogrammes par jour sont une récolte moyenne dans les lieux où la Truffe croît à l'état sauvage.

Mais c'est dans les cultures truffières, cultures où chaque arbre a le plus souvent une truffière à son pied, que la récolte, régulière et rapide, est la plus productive en un temps donné.

C'est ainsi que j'ai vu à Montagnac, chez M. Martin-Ravel, 14 truies faire récolter en une demi-heure, représentant sept heures de travail, 10 kilogrammes de Truffes au 20 février, c'est-à-dire vers la fin de la saison truffière, et que dans la même culture deux truies ont fouillé 11ᵏ,40 en deux heures, soit en un travail de quatre heures. Une journée de dix heures produirait donc, dans une plantation semblable, d'une étendue suffisante, 28ᵏ,500!...

Des récoltes analogues ont lieu dans les cultures de M. Rousseau, à Carpentras, où, le 22 février, je

______

(1) Trifouillière est le nom donné aux truffières dans une partie du Dauphiné.

voyais récolter, à l'aide d'une seule truie, près de 4 kilogrammes de Truffes en deux heures. C'est dans ces mêmes cultures de M. Rousseau qu'eurent lieu les récoltes suivantes :

Le jeudi, 5 février 1857, plusieurs porcs et un chien faisaient récolter, sous les yeux d'une commission du comice agricole de Carpentras, 17 kilogrammes de Truffes dans une culture composée de 4 hectares et demi, dont 2 hectares semés en 1847, et 2 hectares et demi semés en 1851 seulement (1).

Le 18 février 1858, la Société d'agriculture de Vaucluse assistait, dans les mêmes plantations, à une fouille dans laquelle quatre porcs mettaient à jour, en deux heures, 23 kilogrammes de Truffes dont une très-minime quantité était inférieure en grosseur à un œuf de poule (2).

Le 19 février 1862, une fouille faite avec trois porcs et trois habiles rabassiers, et succédant à d'autres fouilles dont la dernière remontait à quinze

---

(1) Ces Truffes, de première qualité, et dont plusieurs pesaient plus de 300 grammes, furent expédiées à Paris au prix moyen de 20 francs le kilogramme. (Rapport de M. Loubet.)

(2) Ces Truffes furent vendues 15 francs le kilogramme. (Rapport du marquis des Isnards.)

jours, produisit 35 kilogrammes de Truffes (1).

Le 22 janvier 1866, la plantation, alors composée de 7 hectares environ, dont 4 peuplés d'arbres de dix-huit et quinze ans et 3 hectares peuplés de sujets de sept, cinq et trois ans, fournit un grand nombre de belles et bonnes Truffes.

Le peuplement de dix-huit et de quinze ans est en plein rapport, le peuplement de sept ans donne une quantité notable d'assez grosses Truffes; on a retiré de celui de cinq ans quelques Truffes petites et peu colorées; la plantation de trois ans ne donnait rien encore (2).

On comprend que la récolte sera d'autant plus facile et, par conséquent, le rendement de la journée d'autant plus grand, que les Truffes seront placées plus près de la surface du sol.

Rotation dans la récolte. — Les Truffes mûrissent successivement, de novembre à mars. Or, pour les avoir avec toutes leurs qualités, il faut ne les récolter que lorsqu'elles ont atteint leur parfaite maturité. Ici

(1) Ces Truffes représentaient, au cours du jour (de plus de 20 francs), une somme de 750 francs. (Rapport du docteur Blanchard.)

(2) Rapport de M. l'inspecteur Bedel.

se montre toute la supériorité du cochon et du chien, qui ne fouillent que les Truffes mûres, laissant celles auxquelles un seul jour manque encore pour arriver à cet état.

De là l'espèce de rotation établie pour la récolte des bois ou cultures truffières bien aménagés; rotation par suite de laquelle les animaux fouilleurs sont ramenés périodiquement sur les mêmes truffières tous les six à huit jours, ou même plus souvent.

Signes de l'abondance des récoltes.— Le meilleur signe de l'abondance de la récolte des Truffes paraît être dans les indications climatologiques, de la pluie en juillet et août étant d'un excellent présage. Mais dans quelques localités on admet que la récolte est en de certaines relations avec la production des glands et celle des galles; ce que rappellent ces dictons populaires :

Beaucoup de glands, beaucoup de Truffes;
Beaucoup de galles, peu de Truffes.

Je dois dire que quelques personnes renversent ces propositions, ce qui semble indiquer que celles-ci n'ont rien d'absolu. En quoi les glands, qui nouent au printemps, seraient-ils en relation d'existence avec les Truffes, dont le développement se lie aux pluies d'été; et quels peuvent être avec celles-ci les rapports des galles (1)? On voit mieux que les galles, surtout nombreuses dans les années sèches, manquent quand la Truffe est abondante. Cette inversion entre la Truffe et les galles ne semble pas favorable à la théorie de la mouche truffigène; cependant elle est franchement admise par M. Martin-Ravel. Une opinion contraire paraît être celle des truffiers de l'Aveyron, qui admettent une relation directe entre la présence des Truffes sous l'arbre et celle des galles sur les rameaux de ce dernier. Ils feraient même des marques aux arbres portant des galles afin d'être assurés de les reconnaître l'hiver venu, et les galles tombées.

Quelques rabassiers de Provence croient aussi que les Chênes porteurs de singulières galles de forme bizarre et hérissées de petites cornes ont toujours des truffières à leur pied (2).

Quoi qu'il en soit des causes des mauvaises récoltes

(1) Notons que l'année 1868, qui a donné beaucoup de glands, et s'annonçait comme devant être fertile en Truffes, d'après les premières récoltes, n'a cependant été que d'un rendement moyen.

(2) Le Chêne qui produit ces galles cornues et souvent d'apparence céracée est le *Quercus pubescens*, excellent truffier nommé Chêne gris, et quelquefois, mais à tort, Chêne blanc.

et de leurs indices, les propriétaires de truffières évaluent qu'il y a disette de Truffes une fois tous les dix ou douze ans. C'est, on le voit, toujours l'histoire des vaches grasses et de la vache maigre.

Modes d'exploitation de la récolte. — Ces modes sont les suivants :

1° Récolte libre ;

2° Récolte faite par le propriétaire ;

3° Partage entre le propriétaire et le rabassier ;

4° Affermage des truffières.

1° La récolte des Truffes est laissée libre en un grand nombre de pays, notamment dans ceux où la production n'est pas très-abondante. Mais beaucoup de propriétaires de bois truffiers ignorent la richesse réelle de ceux-ci, dont ils pourraient utilement profiter en n'en permettant l'accès qu'à des rabassiers avec lesquels ils auraient traité, au moins en imposant une redevance en Truffes.

2° Certains propriétaires font leur récolte sans le secours d'autrui ; quelques-uns louent à la journée des rabassiers et des animaux auxiliaires. Si ces derniers sont des chiens, le propriétaire fera bien de veiller à ce que le rabassier, qui n'a pas d'intérêt à ménager la truffière, ne fouille celle-ci qu'avec précaution.

3° Le partage entre le propriétaire et le rabassier

a lieu dans beaucoup de pays, surtout en Périgord. Mais c'est là un contrat léonin, tout à l'avantage du rabassier, qui ne manque pas, quelle que puisse être la surveillance exercée par le propriétaire des truffières, de soustraire à son profit la plus belle partie de la récolte, qu'il dissimule dans ses poches, son panier, sa gibecière, etc., ou enfouit sur quelques points du bois où plus tard il ira l'enlever. Il est préférable de traiter moyennant une redevance en Truffes, fixe et calculée d'après le rendement présumé de la récolte ; encore doit-on s'attendre à ce que dans la redevance se trouvent les Truffes les plus petites et celles de moindre valeur, telles que la Truffe blanche et les nombreuses espèces de Truffes dites musquées.

4° Le meilleur mode d'exploitation, avec celui où le propriétaire, se gardant bien, récolte par lui-même, est l'affermage à prix d'argent. C'est à lui que se rattachent chaque jour davantage les propriétaires et les communes des contrées les plus riches en Truffes. Le prix du fermage, variable avec la richesse des bois truffiers, est le plus souvent compris entre 20 et 100 francs l'hectare ; souvent la location est faite en bloc. Des communes du Ventoux afferment ainsi leur récolte de Truffes jusqu'au prix de 4 000 à 5 000 francs (Ville, Bédouin, etc.).

L'affermage doit être consenti pour plusieurs années, afin d'intéresser le fermier à la bonne exploitation des truffières.

On se trouve bien aussi d'insérer au bail une clause obligeant les rabassiers à semer du gland (truffier) dans les grands espaces nus. C'est une clause qu'ils remplissent d'autant mieux que, le bail étant plus long, ils peuvent espérer profiter des premières récoltes.

A ces quatre modes d'exploitation de la récolte il faut, pour ne rien omettre, en ajouter un cinquième, que nous appellerons la récolte dérobée; c'est, en réalité, la récolte par le vol, largement pratiquée dans les pays, haut Dauphiné, Bourgogne, Champagne, Franche-Comté, etc., où les Truffes ne sont pas toujours en quantité qui justifie l'active surveillance des propriétaires. Cette récolte dérobée est pratiquée par des rabassiers marrons ou coureurs qui, parfois, s'éloignent beaucoup de leur pays pour aller périodiquement, et surtout pendant les nuits claires, exploiter les contrées qu'ils ont faites leurs tributaires. Ces coureurs, qui opèrent seuls ou aidés d'un chien, causent de grands dommages aux truffières qu'ils retournent profondément avec des pioches longues et coupantes.

Le département de la Drôme est la terre classique des rabassiers marrons qui, souvent, partent réunis en bandes pour exploiter l'Ardèche, le haut Dauphiné, la Bresse et la basse Provence. P. Achard, trufflier à Tullins (Isère), me montra un jour, les larmes aux yeux, la belle trifouillière (truffière) qui autrefois lui avait donné, en un seul hiver, plus de 500 truffes, et qui ne marquait plus depuis le passage des *Drômains* (rabassiers marrons de la Drôme), passage remontant à quinze ans. Le sol, disait-il, avait été retourné jusqu'à la *pierre-à-fi* (poudingue très-dur, sous-jacent au sol arable, et formé de galets, les uns calcaires, les autres granitiques ou quartzeux ; ces derniers faisant feu au briquet, comme la pierre à fusil ou *pierre-à-fi*).

XIII.

Statistique de la production truffière. — Commerce.

Ce n'est pas chose facile que d'établir la statistique de la production truffière. Les éléments n'en existent nulle part réunis. Les préfets, de qui j'attendais des documents, grâce à l'intervention éclairée du Ministre de l'agriculture et du commerce, n'avaient rien dans leurs archives; quelques-uns ont pu obtenir des administrations des diligences ou des chemins de fer, des bureaux d'octroi, un certain nombre de documents, mais très-incomplets. Quan à tout ce qui ne prend pas la voie des grands établissements de transport ou n'est pas soumis à l'octroi, à tout ce qui se consomme dans les localités truffières ou leur voisinage immédiat, rien, absolument rien.

Les Sociétés d'agriculture et les Comices agricoles, bien placés pour établir les statistiques locales, l'ont généralement négligé, cependant je dois beaucoup à ces sociétés, et ce que j'en ai obtenu donne la certitude que c'est par elles qu'on pourra un jour avoir les renseignements les plus exacts sur la production truffière.

Un grand nombre de particuliers, amateurs, propriétaires, négociants en Truffes, m'ont donné des indications généralement précises pour les localités qu'ils habitent.

C'est avec les multiples renseignements, puisés à toutes les sources, et contrôlés les uns par les autres, que j'établis les chiffres suivants, qu'on peut regarder comme approchant de la vérité.

J'attribue aux Truffes une valeur moyenne de 10 francs le kilogramme (1).

Estimer qu'un pays produit pour 100 000 francs de Truffes revient donc à dire que la récolte faite dans ce pays est d'environ 10 000 kilog.

Il est clair que, dans cette appréciation du prix des Truffes, il ne peut être question que des prix de première main, souvent doublés par le commerce, triplés ou quadruplés par la consommation.

J'énumère les départements, non par ordre d'importance, mais dans l'ordre alphabétique, plus facile pour les recherches, et non sujet à varier comme le premier.

Aın. — Marchés à Bellay, Bourg et Nantua ; expéditions sur Lyon et Genève. 75 000

Alpes (Basses-). — Le département est une vaste truffière ; marchés importants à Digne, Manosque, Montagnac, Castellane, Sisteron, Forcalquier et Valensole ; expéditions dans toute la France et à l'étranger. 3 000 000

Alpes (Hautes-).—Marchés de peu d'importance, alimentant Gap et quelques autres lieux. Les principales truffières sont vers Laragne, Or-

______

(1) Cette valeur, quelquefois de 4 à 5 francs seulement quand on traite directement avec les paysans, est ordinairement de 25 à 30 francs à Paris.

pierre et Riblers. 25 000

ALPES (Maritimes). — Production évaluée à. . . . 60 000

ARDÈCHE. — Marchés à Privas, Aubenas, Roche-
maure, Bourg-Saint-Andéol, l'Argentière, etc.;
production s'étendant entre le Rhône et le
massif granitique qui se relie au plateau central; les Truffes de Saint-Vincent de Barrès sont
très-estimées. 250 000

ARIÉGE. — Les Truffes n'y sont pas rares, mais
leur recherche est négligée en beaucoup d'en-
droits. 50 000

AUBE. — Dans ce département, comme dans tous
ceux du nord et du nord-est, un grand nombre
de terres calcaires presque stériles seraient
propres à la culture de la Truffe. La récolte actuelle, composée exclusivement (?) de Truffes
blanches d'été et de Truffes rousses auxquelles
serait avantageusement substituée la vraie
Truffe noire à l'aide de semis de glands truffiers du Chêne pubescent, est évaluée à. . . . 50 000

AUDE. — Peu de Truffes. 5 000

AVEYRON. — Marché important à Villefranche,
puis à Rodez, Severac, Milhau, Saint-Affrique.
Les truffières manquent dans la contrée granitique qui s'étend au sud de Rodez. 400 000

CHARENTE. — Grands marchés à Ruffec et Angoulême; Truffes plus rares au sud et à l'ouest
d'Angoulême, où la craie verte remplace les
formations jurassiques. 400 000

CHARENTE-INFÉRIEURE. — Centres principaux à la
Rochelle et à Saint-Jean-d'Angély. 100 000

CHER. — Produit surtout des Truffes sur le massif jurassique qui s'étend de Bourges et Dun-le-Roi à la Loire. La culture de la Truffe peut y être très-développée. 20 000

CORRÈZE. — Commerce assez important à Brives, où les Truffes sont apportées des frontières ouest et sud du département, formées de calcaires jurassiques bordant les roches cristallisées du plateau central. 150 000

CÔTE-D'OR. — Centres truffiers à Châtillon, Montbard, Semur, Vitteaux : Truffes rares au sud et à l'ouest de Dijon, sur les formations tertiaires. La production, susceptible d'un grand accroissement, est d'environ. 100 000

DORDOGNE. — Cette contrée classique des Truffes compte d'importants marchés à Périgueux (1), Sarlat, Terrasson, Bergerac, Ribérac, Thénon, Salignac, Brantôme, ainsi qu'à Excideuil, Thiviers et Nontron, pays au nord desquels commencent les granites et disparaissent les Truffes. La production, nullement favorisée par la culture, paraît être d'environ. 1 200 000

La production de la Dordogne, à peine égale à celle de la Drôme, est de beaucoup dépassée par le Lot, le Vaucluse et les Basses-Alpes.

On cite Brantôme comme produisant beau-

(1) M. La Salvetat, négociant à Périgueux, emploie annuellement 2 500 kilog. de Truffes en conserves et 1 250 kilog. à truffer des volailles.

coup de Truffes musquées, remplacées à Saint-Georges par des Truffes blanches.

DRÔME. — Importante région truffière, ayant des marchés à Nyons, Grignan (1), Crest (2), Die, le Buis, Saint-Jean, Dieu-le-fit, Romans, Valence et Montélimart. 1 200 000

EURE.—Quelques Truffes ont été trouvées dans ce département, vers Gaillon, Gisors, Vernon et les Andelys.

GARD.—La production truffière a surtout quelque importance vers Saint-Hippolyte, Anduze et Alais, où une bande jurassique borde les formations granitiques descendant de la Lozère. La culture des Truffes pourrait être développée beaucoup dans les garigues du Gard. 50 000

GARONNE (Haute-). — Les Truffes que Toulouse emploie en si grande quantité pour ses délicieux pâtés de foie gras ne sont pas produites par le département de la Haute-Garonne, à l'exception de celles que fournissent un certain

---

(1) Les marchés de Grignan sont fréquemment approvisionnés par 600 à 800 kilog. de truffes, qui s'y vendaient en 1867-1868 seulement 6 à 7 fr. le kilogramme, tandis qu'en 1866-1867 le prix se maintint, en moyenne, à 18 fr. — La richesse des truffières des bois de Montmeyran, entre Valence et Crest, et de ceux de Mirabel-en-Baronnie, est proverbiale.

(2) La maison Félix Périer, de Crest, fait un commerce de truffes très-considérable.

nombre de localités voisines du Gers, du Tarn, du Tarn-et-Garonne, et dont la valeur peut être estimée à....................... 30 000

C'est de Cahors et de Villefranche-d'Aveyron que Toulouse tire la plupart de ses Truffes. Cependant on trouve à Saint-Martory, près de Saint-Gaudens, de grosses Truffes blanches qui paraissent devoir être rapportées à la Truffe de Piémont (*Tuber magnatum*).

GIRONDE.—Ce département, à sol tertiaire comme celui de la Haute-Garonne, mais, en général, pliocène et non miocène, a une production truffière peu considérable, évaluée à......... 20 000

HÉRAULT. — Un commerce assez important de Truffes se fait à Gignac où une seule maison (1) vend pour 80 000 fr. de Truffes chaque année. Quelques truffières existent aussi à Clermont, à Bédarieux, au nord, à l'ouest et au sud de Lodève. La production de l'Hérault ne dépasse pas......................... 150 000

INDRE.— On trouve quelques Truffes aux environs du Blanc (dans la propriété même de M. Chevet), de la Châtre et d'Issoudun, soit. . 5 000

Les terres calcaires du département se prêteraient bien à de grandes cultures truffières (2).

(1) Maison Boyer et Heill, qui a fourni aux analyses de M. Payen.

(2) Nul doute que le succès des truffières ne fût certain sur toute la large bande jurassique qui, venant de la Cha-

INDRE-ET-LOIRE. — De quelque importance dans
l'ouest du département (marchés à Richelieu,
Chinon, Ile-Bouchard, Sainte-Maure, Loches
et Tours), la production truffière suffit à la
consommation de ce dernier, et peut être por-
tée à. 60 000

    Richelieu, qui, il est vrai, tire beaucoup de
Truffes des environs de Loudun, fait des expéditions sur Paris (1).

ISÈRE. — Truffes un peu partout (excepté sur les
hauteurs de l'Oisans et du Vercors), mais principalement vers Saint-Bonnet, Saint-Étienne-
du-Mont, Saint-Hilaire, Saint-Lattier, Pont-en-
Royans, Tullins, Veurey, Sassenage, Voiron, la
Buisse, etc., mais pas de marchés de quelque

rente-Inférieure, traverse le Poitou, le Berry, par le Blanc,
la Châtre, Châteauroux, Issoudun, Bourges, Dun-le-Roi,
Villequiers, et se relie par le Nivernais aux grandes formations de la Bourgogne, de la Champagne, de la Franche-
Comté et de la Lorraine.

(1) M. Bridel, pharmacien à Chinon, cite comme ayant
de riches truffières : à Lazille, les bois de MM. Tartereau et
Mauny-André, puis ceux de MM. Maupion et Grosset-Palla
à Richelieu, de M. de Caugny (à la Grille) et de Marcé (aux
Fontenoles), à Chinon.— Je note, à propos des Truffes, qu'un
excellent champignon, l'*Agaricus Eryngii*, auquel quelques
personnes attribuent un peu de l'arome de celles-là, est
abondant en octobre aux marchés de Tours, de Chinon et de
Loudun, où on le nomme *oreille, escoudelle.*

importance ; extension possible de la culture, principalement sur le diluvium des collines et dans les parties basses de la bande néocomienne qui remonte du Vercors vers la Grande-Chartreuse. 40 000

JURA. — Production susceptible d'être fort développée ; petits marchés à Poligny, Arbois, Lons-le-Saunier, Arinthod, Saint-Amour, etc. .   50 000

LOIR-ET-CHER. — Quelques Truffes ont été trouvées aux environs de Blois et de Vendôme.

LOIRET.— On a signalé des Truffes vers Montargis, Châtillon-sur-Loing et Gien. 1 000

LOT. — Ce département n'est qu'une vaste et riche truffière. Très-grand marché à Cahors (1); marchés encore importants à Gourdon, Figeac, Gramat, Martel, Souillac, Capdenac, Castelnau, Villeneuve, surtout à Limognes et à l'Albenque. Ici, comme dans la Dordogne, la culture proprement dite de la Truffe, jusqu'à ce jour inconnue, ajouterait à la production naturelle qui paraît se chiffrer cependant par une somme d'à peu près. 3 000 000

LOT-ET-GARONNE. — Voici un département qui, bien qu'intégralement renfermé dans le bassin

---

(1) J'ai vu arriver au marché de Cahors des voitures chargées de grands sacs de truffes ; comme ailleurs, elles le sont de pommes de terre ou de céréales. La région Ouest (jurassique) du département est de beaucoup la plus riche en truffes.

tertiaire d'Aquitaine, compte de nombreuses truffières sur ses collines calcaires. Commerce principal des Truffes à Nérac, Agen et Villeneuve, Laroque, Villeréal et Castillon, environ.   300 000

LOZÈRE. — Production truffière assez importante dans l'enclave jurassique comprise entre Mende et Marvéjols au nord, Meyrueis au sud, Florac à l'est, Massegros à l'ouest. 60 000

MAINE-ET-LOIRE.—Quelques Truffes ont été trouvées vers Doué, Montreuil, Belley et Fontevrault. Des cultures seraient entreprises avec succès, pensons-nous, sur les régions calcaires du département. . . . .

MARNE. — On signale des Truffes vers Reims Épernay, Sézanne et Sainte-Menehould; soit environ pour.   1 000

MARNE (HAUTE-). — Des Truffes existant dans presque tout le département, mais principalement dans sa moitié sud. M. A. Passy dit que la seule commune de Richebourg, sur la route d'Arc-en-Barrois à Chaumont-en-Bessigny, compte trente truffiers. Le commerce exporte sur Nancy, Strasbourg, Dijon, etc. (1). 100 000

MEURTHE.—Les Truffes ne sont pas rares dans la

(1) La Truffe prise dans la Haute-Marne pour la vraie Truffe noire est le *Tuber rufum*, suivant MM. Passy et Tulasne. En été on récolte beaucoup de Truffes blanches. La Truffe noire serait avantageusement introduite dans ce département.

Meurthe, pays essentiellement jurassique, comme la Haute-Marne, et appelé aussi à une grande production truffière. 20 000

Meuse.—Encore un pays qui produit des Truffes (surtout vers Gondrecourt, Vaucouleurs, Commercy, Bar-le-Duc), et qui pourrait en avoir vingt fois plus. 30 000

Moselle. — On y trouve quelques truffes, probablement la Truffe rousse (la meilleure après la Truffe noire), comme dans les départements voisins. 3 000

Nièvre.—Un certain commerce de Truffes se fait de Nevers à Clamecy, à la Charité, etc.; on peut l'évaluer au plus à. 100 000

Ici encore la trufficulture peut décupler la production actuelle.

Pyrénées (Hautes-). — On signale des Truffes entre Lourdes et Bigorre. 1 000

Pyrénées-Orientales. — Suivant ce que m'a rapporté un chimiste distingué, M. le professeur Bouis, il existerait des Truffes à Montferret, près d'Amélie-les-Bains, dans des bois de Châtaignier à terre rouge assez forte. La nature géologique du sol s'oppose ici à l'extension des truffières. 1 000

Rhône.—Quelques Truffes sont récoltées aux environs de Villefranche, etc. 1 000

Rhône (Bouches-du-).—Production truffière assez importante au nord du département vers Peyrolles et Lambèse. 200 000

Saône (Haute-). — Truffes à Gray, Vesoul, Portsur-Saône, etc. 25 000

SAÔNE-ET-LOIRE. — Centres truffiers de Mâcon à
Tournus, à Cluny et à Charolles. 20 000
    Culture susceptible de grands développements
dans toute la région calcaire du département.

SAVOIE. — Truffières assez communes de Mont-
meillan à Chambéry, dans la basse Mau-
rienne, etc. 15 000

SAVOIE (HAUTE-). — On récolte quelques Truffes
dans la basse Tarentaise, ainsi qu'aux environs
de Rumilly et d'Annecy. 5 000

SEINE. — Des Truffes (de vraies Truffes noires?) ont
été trouvées au bois de Vincennes et de Meudon. Trattinick assure qu'elles étaient autrefois
si communes dans le parc de Villetaneuse, près
Saint-Denis, que le droit à la récolte fut affer-
mé, en 1764, pour le prix de 250 francs, plus
10 livres de Truffes. . . . .

SEINE-ET-MARNE. — Dupetit-Thouars signale la
Truffe à Vaux-Praslin. . . . .

SEINE-ET-OISE. — Des Truffes ont été trouvées en
assez grande quantité aux environs de Magny
et d'Étampes. A 1 kilomètre de cette dernière
ville (qui compte six truffiers) est la propriété
de Vauroux, appartenant à M. Laporte, où
depuis quinze ans on fait de bonnes récoltes de
Truffes blanches en été, de Truffes noires en
hiver (1). 3 000

(1) Le père Dutruit, l'un des principaux truffiers d'Étampes,

Sèvres (Deux-). — La production truffière est assez abondante aux environs de Sauzé (qui se relie par Civray aux truffières du sud de la Vienne), de Moncontour et de Thouars, localités à peine séparées du Loudunois. On trouve aussi quelques Truffes vers Niort, Mille, et à Couhé, canton de Lézay. 15 000

Tarn. — Des Truffes existent à peu près dans toute la portion du département placée à l'ouest d'une ligne nord-sud passant par Alby, et ayant pour marchés, avec Alby, Réalmont, Castres, Puylaurens, Lavaur, Gaillac, etc. La récolte, très-négligée, produit à peine. 100 000

Tarn-et-Garonne. — Les truffières sont le plus communes au nord et à l'est du département ; marchés principaux à Montauban, Moissac, Saint-Antonin, Montpezat, Puy-la-Roque. . .   80 000

Var. — De riches truffières existent vers les frontières des Basses-Alpes et de Vaucluse, notamment vers Quinson, Brignoles, Ruez et Rianz. Assez souvent visitées par les rabassiers de Montagnac, de Castellane, et même par ceux venus de la Drôme, les truffières du Var sont estimées produire environ. 200 000

Vaucluse. — Quoique recouvert presque entièrement de formations tertiaires, ce département n'est, comme les Basses-Alpes et le Lot, qu'une

possédait un si bon chien (pour chercher les Truffes), qu'il lui fut acheté au prix de 500 francs.

vaste truffière. Après Carpentras et Apt, ses grands marchés de Truffes, on peut citer : au nord, Malaucène (dont le canton produit seul pour 200 000 francs de Truffes), Orange, Valréas, Sault ; au midi, Cadenet, Perthuis, la Bastide. On mentionne, parmi les communes possédant les bois truffiers les plus productifs, Venasque, le Beausset, la Roque, Saint-Didier-Valléron, Jouquières, Mazan, Villes, Mormoiron, Nossan, Méthamis dans l'arrondissement de Carpentras ; Roussillon, Gordes, Saint-Saturnin, Lioux, Saumane, Rustrel, Vaucluse, Villars pour l'arrondissement d'Apt.

C'est autour des trois massifs montagneux, le Ventoux au nord, le Vaucluse au centre, le Luberon au sud, que sont placées les truffières les plus nombreuses.

On estime que le commerce de la Truffe, d'environ 2 000 000 pour Carpentras (1), 1 500 000 pour Apt, est pour le département d'environ. .   3 800 000

L'arrondissement d'Avignon n'entre dans ce chiffre que pour environ 100 000 francs.

C'est dans le département de Vaucluse qu'ont été créées les premières cultures proprement dites en vue d'accroître la production truffière ;

(1) Les truffes arrivent souvent à Carpentras le vendredi (jour de marché) et le samedi par chargements de 30 à 40 quintaux. Il en est de même à Apt.

c'est là aussi qu'aurait été faite pour la première fois, par les paysans du Ventoux, l'observation de l'avantage qu'offrent les glands truffiers. Suivant M. Loubet, les plantations faites avec le gland truffier à Carpentras par M. Rousseau donnaient (dès 1857, plantations de 10 ans et de 6 ans!) un produit annuel de 80 kilog. par hectare.

Vienne. — Parmi les départements du centre, la Vienne occupe le premier rang pour la production truffière, dont les localités principales sont, après le Loudunois au nord et Civray au sud, Moncontour, Lencloître (où M. Tulasne a fait ses belles études sur la Truffe), Chauvigny, Saint-Savin, Lenteigne, Montmorillon. Les peuplements de Chêne en vue de la production truffière, depuis longtemps pratiqués aux environs de Loudun, y prennent depuis quelques années une grande extension (1); que la Vienne multiplie plus encore ses boisements truffiers, qu'elle espace davantage les lignes, cultive mieux les jeunes plantations, renonce au recepage des arbres truffiers, et la production, qui est aujourd'hui de. . . . .   250 000 environ, sera, dans douze ou quinze ans, d'un

______

(1) Les communes de Beuxe et de Saint-Marcel produisent chacune à peu près pour 30000 francs de Truffes. Le principal commerce de Truffes du Loudunois est fait par MM. Faret, à Marigny, près Richelieu, Gavon, à Richelieu, Bertrand et Pétillon, à Chinon.

million, sans compter la richesse créée par la production forestière dans ses maigres galuches (1).

Yonne. — Des centres truffiers de quelque importance existent vers Tonnerre, Châtel-Girard, Noyers, Vermanton, Coulanges-la-Vineuse, et dans le Sénonois, vers Saint-Maurice, aux Riches-Hommes, Villeneuve-le-Guyard et Thorigny (2). Susceptible d'être beaucoup accrue, la production truffière est d'environ. 60 000

* * *

Récapitulation de la production truffière par départements.

	Francs.
Ain.	75 000
Alpes (Basses-).	3 000 000
Alpes (Hautes-).	25 000
Alpes-Maritimes.	60 000

(1) Mon ami M. le professeur Guitteau, conservateur du musée de Poitiers, a fort bien représenté, dans une carte qu'il m'a adressée, la répartition des truffières en Poitou. Cette carte et le mémoire annexé m'ont été fort utiles; il est à désirer que leur savant auteur en fasse la publication.

(2) Est-ce la Truffe rousse ou la Truffe noire? Celle-là probablement. Quoi qu'il en soit, la Truffe de Thorigny était envoyée à Paris, il y a quelques années, par un truffier qui fut assassiné un jour qu'il rentrait chez lui, porteur d'une somme de 1600 francs, solde de sa récolte.

	Francs.
Ardèche.	250 000
Ariége.	50 000
Aube.	50 000
Aude.	5 000
Aveyron.	400 000
Charente.	400 000
Charente-Inférieure.	100 000
Cher.	20 000
Corrèze.	150 000
Côte-d'Or.	100 000
Dordogne.	1 200 000
Drôme.	1 200 000
Eure.	Mémoire.
Gard.	50 000
Garonne (Haute-).	30 000
Gironde.	20 000
Hérault.	150 000
Indre.	5 000
Indre-et-Loire.	60 000
Isère.	40 000
Jura.	50 000
Loiret.	1 000
Lot.	3 000 000
Lot-et-Garonne.	300 000
Lozère.	60 000
Maine-et-Loire.	Mémoire.
Marne.	1 000
Marne (Haute-).	100 000
Meurthe.	20 000
Meuse.	30 000

	Francs.
Moselle.	3 000
Nièvre.	100 000
Pyrénées (Hautes-).	1 000
Pyrénées-Orientales.	1 000
Rhône.	1 000
Rhône (Bouches-du-).	200 000
Saône (Haute-).	25 000
Saône-et-Loire.	20 000
Savoie.	15 000
Savoie (Haute-).	5 000
Seine.	Mémoire.
Seine-et-Marne.	Mémoire.
Seine-et-Oise.	3 000
Sèvres (Deux-).	15 000
Tarn.	100 000
Tarn-et-Garonne.	80 000
Var.	200 000
Vaucluse.	3 800 000
Vienne.	250 000
Yonne.	60 000

Soit un total d'environ 15 881 000 francs, représentant 1 588 000 kilogrammes de Truffes, et répartis entre plus de cinquante départements.

Je ferai remarquer que la Truffe, évaluée ici à 10 francs le kilogramme, vaut cet hiver, à Paris, de 24 francs à 36 francs le kilogramme; la très-grosse Truffe, 40 francs.

Le commerce français a exporté :

En 1865, 57 334 kilogrammes de Truffes fraîches ou conservées ;

En 1866, plus de 60 000 kilogrammes ;

En 1867, 70 000 kilogrammes, qui, au prix moyen de 20 francs, font une somme de 1 400 000 francs (1). La Russie, l'Angleterre et l'Amérique sont nos principaux marchés à l'étranger.

La maison Rousseau, de Carpentras, qui, en 1832, n'avait expédié que 9 000 kilogrammes de Truffes, en livrait, en 1866, 54 500 kilogrammes, représentant, au prix de 20 francs (moyenne du prix de cette année-là), 1 090 000 francs. Or, les maisons Bonfils, Chauvin, et Baudouin, aussi de Carpentras, font chacune de son côté, des affaires considérables.

L'histoire du petit village de Montagnac, perdu sur un plateau des Basses-Alpes, démontre par des faits éloquents quelle source de richesse possèdent les contrées truffières (et le nombre en est grand) quand des hommes intelligents prennent à cœur de faire rechercher les productions naturelles, d'y ajou-

(1) L'exportation constatée des conserves de champignons a été, en 1865, de 86 356 kilog., qui, à 3 fr., représentent environ 260 000 fr.

ter par la culture, et d'ouvrir des débouchés aux produits.

Il y a vingt-cinq ans, quand M. Martin-Ravel fixa sa résidence à Montagnac, avec l'intention de s'y occuper du commerce de la Truffe, on ne comptait dans ce village, l'un des plus pauvres de la contrée, que deux individus récoltant des Truffes qu'ils allaient vendre au marché de Riez ; heureux quand leur campagne d'hiver avait produit 150 ou 200 fr. M. Ravel, homme d'initiative et d'intelligence, se fut bientôt créé une clientèle dans le commerce de Paris, de Strasbourg, de Marseille, en Turquie, en Amérique, en Russie (1), etc. Il acheta sur place tout ce que les rabassiers récoltaient, leur donnant un prix double de celui qu'ils trouvaient à Riez. Les rabassiers, ainsi encouragés, se multiplièrent, et aujourd'hui le village de Montagnac ne compte pas moins de soixante-dix chercheurs de Truffes sur une population qui ne dépasse pas 600 habitants.

L'aisance, on le comprend, est générale, chaque rabassier gagnant de 1200 à 3000 fr. dans une sai-

____

(1) Les plus belles Truffes vont à Saint-Pétersbourg.

son qui est ordinairement celle du chômage (1).

La production naturelle étant devenue insuffisante, M. Martin-Ravel a fait de belles plantations truffières, à l'instar de celles de Carpentras, et entraînant ses voisins par sa parole convaincue en même temps qu'il présentait les résultats si rémunérateurs de ses cultures, il a provoqué d'immenses semis de glands truffiers qui bientôt ajouteront encore à la richesse de la contrée.

Ce qui précède montre que le commerce des Truffes, qui date seulement de l'année 1770, est déjà important; qu'il tend à se développer de plus en plus, et à sortir des limites que lui fixe une production jusqu'ici abandonnée (surtout dans le classique Périgord) aux seules forces de la nature.

C'est aux propriétaires des sols calcaires qu'il appartient aujourd'hui de lui donner une extension nouvelle en faisant, suivant les enseignements de l'expérience, des plantations de Chênes truffiers qui ajouteront d'autant plus à leurs revenus qu'ils n'y consacreront que leurs terres les plus maigres. Qu'ils ne se laissent pas arrêter par la crainte de la dépréciation des produits; la France est destinée, par la

(1) Il est expédié annuellement du petit village de Montagnac pour 200 000 à 250 000 fr. de truffes.

nature de son sol et de son climat, à garder le monopole de la Truffe sur le marché du monde, et à vendre ce délicieux produit à un prix largement rémunérateur, quel que soit le développement donné à sa culture.

D'ailleurs, en créant des truffières, on opère le reboisement, cette grande œuvre de réparation à laquelle sont conviées, par leurs plus grands intérêts, les générations de notre siècle.

A l'œuvre donc, grands et petits propriétaires des garigues du Midi, des galuches du Centre, des friches calcaires de l'Est et de l'Ouest, semez des glands (truffiers) et vous récolterez des Truffes tout en créant des richesses forestières.

XIV.

Qualités marchandes de la Truffe.

La truffe noire, par rapport à laquelle les autres espèces (truffes rousse, musquée, blanche du Piémont (1), blanche d'été, blanche d'hiver, etc.) sont

(1) Napoléon préférait, dit-on, à la truffe noire, les *fondues* de truffe blanche du Piémont; beaucoup de personnes, notamment en Italie et en Suisse, sont encore de l'avis de Napoléon.

comme les métaux grossiers par rapport à l'or, n'est cependant pas toujours pareille à elle-même. Ses qualités sont variables en de certaines limites, et il nous importe d'autant plus d'en rechercher les conditions, que celles-ci se traduisent par des différences de prix pouvant varier elles-mêmes parallèlement du simple au double, et même davantage.

Le criterium des qualités de la Truffe est donné par son *parfum,* sa *consistance,* sa *forme* et son *volume,* et, suivant quelques-uns, par le *grain* ou diamant de l'enveloppe.

Le parfum de la Truffe, tout spécial, doit être bien développé, sans rien qui rappelle les odeurs de moisi, de plantes pourries, de terreau, du fromage ou de l'ail.

La consistance doit être ferme, résister à la pression du doigt, nullement mollasse ou spongieuse ; la cassure, nette et sèche.

La forme sera arrondie, sans bosselures ni sinus rentrants qui entraînent parfois un grand déchet lors de l'émondage et recèlent souvent un poids considérable de terre (surtout si celle-ci est argileuse).

Les petites Truffes sont peu estimées, principalement en raison de la perte considérable qu'elles subissent à l'émondage ; celles du poids de 40 à 50 grammes sont tenues déjà pour de belles Truffes;

de 60 à 100 grammes elles appartiennent au premier choix. Plus grosses, elles ajoutent peu à leur valeur réelle ; c'est alors moins affaire de goût que de luxe (1).

Il n'est guère de truffier qui, dans sa saison, ne trouve quelque Truffe du poids de 200 à 500 grammes ; les Truffes de 500 grammes sont cependant déjà chose assez rare. On a récolté, cette année, dans les cultures de Carpentras, une Truffe de 850 grammes, et j'ai assisté moi-même, le 29 février, dans les mêmes cultures, à la cueillette d'une belle Truffe, parfaitement ronde, du poids de 380 grammes ; quelques jours avant, j'avais vu une Truffe de 320 grammes dans un lot de la récolte de M. Ravel, à Montagnac.

Je tiens de M. Chevet, qui a acquis une honorable fortune dans le commerce des comestibles et est aujourd'hui mon collègue à la Société d'acclimatation, qu'il reçut un jour du propriétaire d'un parc des

---

(1) Voici des prix moyens que j'ai notés, le 11 janvier 1868, chez les marchands de Truffes près les halles de Paris : 1° petites Truffes (de 10 à 20 grammes), 20 à 22 francs le kilogramme ; 2° Truffes moyennes (de 30 à 50 grammes), 24 à 28 fr. ; 3° grosses Truffes (de 60 à 100 grammes ou même plus), 30 à 32 fr. ; 4° très-grosses Truffes (de 200 grammes et plus), 40 à 45 fr.

environs de Turin *vingt Truffes noires* (1) pesant ensemble **13** kilogrammes! La plus petite était du poids de **375** grammes; un bon nombre dépassaient celui de **750** grammes.

A la suite de ces faits, d'une authenticité certaine, je rappellerai que, suivant Haller, une Truffe du poids de **14** livres aurait été observée par Bresl et Kesler. Cette Truffe extraordinaire serait encore bien petite à côté de celles trouvées près de Cassiano, et qui pesaient, au dire de Ciccarellus, l'une **50**, l'autre **60** livres (?).

Le grain ou le diamanté de l'enveloppe est pris aussi en quelque considération. Ce grain doit être bien ciselé, mais non trop gros, ce dernier indiquant une Truffe de moindre finesse de goût et d'arome. Je ferai toutefois la remarque que le grain varie parfois beaucoup de la face supérieure à la face inférieure, surtout quand la Truffe est d'un gros volume. Le côté à petit diamant serait-il plus fin que le côté opposé?

Les conditions générales du milieu dans lequel la Truffe s'est développée ont incontestablement de l'influence sur ses qualités. Je cite à cet égard le senti-

---

(1) Je souligne le mot *Truffes noires*, le Piémont produisant communément de très-grosses truffes blanches.

ment de quelques hommes bien placés pour des appréciations d'ensemble se traduisant d'ailleurs par l'indication de localités trufflières des plus estimées, puis je passerai à l'analyse des conditions elles-mêmes.

Les Truffes du Périgord et du Dauphiné sont, à juste titre, renommées par leur parfum exquis (Payen);

La meilleure Truffe vient de Creysse et de Martel, dans le Lot (abbé Rozier);

Périgueux, Angoulême, Cahors, Sarlat, le Dauphiné, et surtout Romans, donnent de fort bonnes Truffes (Bélèse);

On estime fort les Truffes de Cahors, Sarlat, de Tarn et de Romans, de Brives (Chevet);

Thénon et Brives donnent des Truffes de première qualité (de Lamotte, secrétaire de la Société d'agriculture de Périgueux);

La Truffe de Sorges et de Thénon est excellente, moins bonne vers Terrasson et Brives (La Salvetat, fabricant de conserves, à Périgueux);

Je tire mes meilleures Truffes de Saint-Martin-de-Vers, de Gourdon, de Souillac, de Martel et de la frontière de Dordogne, vers Sarlat (Taillade, fabricant de conserves à Cahors);

Après les Truffes de Martel et de Gourdon, viennent

celles de Limogne, frontière du Lot, vers l'Aveyron (Vergnes, de Martel) ;

La meilleure vient à Souillac, près Martel (Isarne, juge à Cahors) ;

Nos Truffes vont partout sous le nom de Truffes du Périgord, et elles valent bien ces dernières ; nous en expédions beaucoup à Périgueux même : un jour, que nous appelons de nos vœux, les Truffes de Provence auront leur place distincte, et la meilleure, sur les marchés de l'Europe (les négociants en Truffes, Baudouin, Bonfils, Chauvin et Rousseau, à Carpentras ; Clément, Combette, Toinet et Roux, à Apt ; Alexis, à Avignon ; Ravel, à Montagnac, près Riez ; Rouquette, à Banon (Basses-Alpes) ;

La meilleure Truffe est celle de Saumane-en-Vaucluse [divers (1)].

Nyons, Grignan, Montélimart, Crest, Valence, Romans fournissent d'excellentes Truffes, vendues, à Paris et ailleurs, comme Truffes du Périgord (Charras, Giraud, Saint-Martin, Sigaud, à Nyons ; Félix Périer, à Crest ; Barbanson, J. Tayn, Quenin, à Grignan ; Charbonnet, Galopin, à Montélimart) ;

Les meilleures Truffes de la Drôme sont celles de Grignan et de Nyons (divers).

(1) Saumane produit aussi les meilleures Truffes blanches.

14.

Nous tirons nos bonnes Truffes de Saint-Bonnet et de Saint-Étienne-du-Mont, mais non du Royonnais (Detroyat, hôtel du Petit-Paris, à Saint-Marcellin-d'Isère).

La Truffe de Tullins, de la Buisse et de Fontaines est plus parfumée que celle de Saint-Quentin-sur-Isère et de toute la côte nord de la chaîne du Vercors, de Saint-Quentin à Pont-en-Royans (divers).

Dans la Vienne, la Truffe de Civray prend rang avant celle du Loudunois (Guitteau et divers). J'ai cependant entendu un propriétaire de Beuxe, près Loudun, se plaindre d'un négociant de Richelieu, qui, disait-il, tirait des Truffes du Périgord pour les vendre comme Truffes de Beuxe !

La Truffe de Bourgogne est de qualité inférieure (Chevet).

Si maintenant nous cherchons à analyser les conditions auxquelles sont subordonnées les qualités diverses de la Truffe noire, nous sommes conduit à voir ces conditions dans :

La composition du sol,

Les conditions climatériques,

Les essences forestières (?),

L'époque de la récolte,

La date ou l'ancienneté de la récolte,

Le mode de la récolte,

Et, il est presque superflu de l'ajouter, la non-altération par les insectes, par la gelée ou par la chaleur.

L'influence du sol est généralement admise, mais assez diversement appréciée.

La coloration rouge est celle que présentent le plus communément les terres des truffières. Elle indique la présence, en proportion notable, du sesquioxyde de fer et l'absence relative de matières organiques dont la prédominance aurait pour effet la réduction de l'oxyde rouge à l'état d'oxyde noir, et est regardée, sinon comme une condition nécessaire de la production truffière, du moins comme étant dans une certaine relation avec la qualité des Truffes. Mais peut-être n'y a-t-il là qu'un fait de coïncidence, d'excellentes Truffes croissant à Saumane, qui passe pour avoir les meilleures Truffes de la Provence, dans une terre noirâtre, vers Digne dans une marne blanche, à Carpentras, etc., dans un sol jaunâtre. Quelques faits semblent toutefois conduire à cette opinion, que, les autres conditions étant semblables, les terres ferrugineuses produiraient des Truffes plus parfumées et à chair plus ferme.

La compacité du sol influe-t-elle sur les qualités de la Truffe? Beaucoup assurent que les meilleures Truffes viennent dans les terres fortes ou argileuses, mais d'autres admettent que les terres légères donnent d'excellents produits. Saumane, Carpentras, Montagnac en Provence, beaucoup de localités de la Drôme, quelques-unes du Lot, de Lot-et-Garonne et de la Dordogne, peuvent être cités à l'appui de cette opinion.

S'il était constant que le *diamant* de la surface des Truffes fût plus fin dans les terres fortes que dans les terres légères, et que, d'autre part, les Truffes noires à rugosités les moins saillantes fussent les meilleures, il serait par là même prouvé que l'avantage est aux Truffes des terres argileuses (1).

Il paraît, en somme, ressortir de la divergence des opinions sur les rapports entre la nature du sol et les qualités des Truffes, en tant que par qualités on entend surtout le parfum et la consistance, que d'excellents produits sont donnés par les terres légères aussi bien que par les terres fortes. Il m'a toutefois paru que les Truffes produites par celles-ci étaient généralement plus fermes.

Mais où les Truffes des terres légères se montrent incontestablement supérieures, c'est par rapport à l'état de netteté ou de propreté dans lequel elles se présentent dans le commerce. En effet, tandis que

(1) On dit que les Truffes de Lencloître, pays à sol noir et sableux, sont les moins bonnes du Poitou.

celles du sol argileux sont vendues recouvertes par
ce dernier qui tapisse leurs contours, remplit leurs
anfractuosités, et entre souvent pour 1/4 ou même
1/2 de leur poids, les Truffes d'une terre légère ne
retiennent que peu ou point de celle-ci. A première
vue, on reconnaît la provenance dans les approvision-
nements du commerce. Les Truffes des terres fortes
(presque toujours rouges) sont recouvertes par un en-
duit de celles-ci qui masque leur couleur propre;
celles des terres légères se présentent nettes, avec
leur coloration noire et leurs reliefs diamantés.

La proportion de calcaire influe-t-elle sur les qualités de la Truffe? Je suis conduit à la négative par la
comparaison des résultats analytiques aux produits
des truffières.

Quelle est l'influence du fer? Si l'on s'en tient à
cette observation que, dans le Poitou, la Truffe de
Beuxe, où la terre est rouge, est plus estimée que
celle de l'Ile-Bouchard, où le sol est blanchâtre, on
sera porté à penser que le fer ajoute à l'arome et à la
fermeté de la chair des Truffes. Même conclusion à
tirer de la comparaison entre Digne, à sol souvent
blanchâtre, et des localités voisines, à terre colorée.

La proportion des matières organiques paraît être
sans influence sur la qualité des Truffes, à en juger
par des truffes de Cahors et de Thiviers, fort sem-

blables entre elles, quoique dans le sol des truffières les matières organiques variassent de 3 à 8 pour 100; par celles de Carpentras et de Sainte-Colombe, venues dans des truffières à 2 et à 4 pour 100 de ces matières; et enfin par celles de Tullins, d'un parfum sans doute affaibli, mais pareil dans des truffières où les matières organiques, de 3 pour 100 seulement sur la lisière d'un bois de Chêne, s'élevaient jusqu'à 13 pour 100 dans la châtaigneraie.

Mais si les matières organiques n'influent pas au point de vue de leur proportion, en serait-il de même quant à leur nature? Je manque d'observations à cet égard. Peut-être constatera-t-on que les matières tanniques, telles que celles fournies par la feuillée des Chênes et des Châtaigniers, ont une action spécialement favorable.

Le *climat* a sur les qualités de la Truffe une action plus manifeste que le sol. La Truffe n'est de qualité supérieure que dans nos provinces à climat tempéré et tempéré-chaud. Les contrées plus froides (haut Dauphiné, Bresse, Bourgogne et Champagne, Paris, etc.), et celles plus chaudes (Italie, Espagne, Grèce, Algérie?), donnent des produits ou peu ou trop aromatiques. Et si, en Provence ou dans le Languedoc, la Truffe trouve au nord, aussi bien qu'au midi, des conditions suffisant à l'élaboration complète de ses principes, il n'en est plus ainsi dans le Poitou, le haut Dauphiné, et même dans le Périgord, où les expositions nord donnent des produits de qualité secondaire, fait bien connu et traduit dans le langage du peuple par ce dicton : bon vin, bonnes Truffes (1).

L'*humidité permanente* du sol, que nous avons dite être défavorable en général à la production truffière, influe d'ailleurs d'une manière fâcheuse sur les qualités de la Truffe. La plupart des renseignements que j'ai recueillis tendent à établir que la Truffe venue dans les lieux humides a peu d'arome ou même exhale une odeur désagréable. Le fait est peut-être exact ; mais il me paraît probable, d'après quelques observations personnelles, qu'en beaucoup de cas ce qu'on prend pour la Truffe noire altérée dans ses qualités n'est autre chose que la truffe musquée (*Tuber brumale*).

L'été trop chaud et trop sec *boise* les Truffes.

Les *essences forestières* sont regardées par plusieurs comme ayant quelque influence sur les qualités des Truffes. En tête de ces essences est le

(1) J'ai rencontré, en Provence, des personnes convaincues que les bonnes Truffes ne venaient pas hors de la région des Oliviers. C'est là une opinion suffisamment réfutée par les produits de la Dordogne, du Lot, de la Drôme, etc.

Chêne, genre dans lequel M. Rousseau place au premier rang (pour la qualité, non pour la quantité) le Chêne Kermès ; au second rang, l'Yeuse ; au troisième rang seulement, les Chênes dits Chênes blancs ou à feuilles caduques, *Q. pubescens, Q. sessiliflora, Q. pedunculata* (?), qui sont cependant les seuls Chênes du Périgord. Suivant M. Rousseau et quelques autres personnes, les Truffes du Pin auraient un arome quelque peu résineux, et les rares Truffes de l'Olivier rappelleraient l'odeur de l'huile ? Le Genévrier donnerait, au contraire, suivant quelques-uns, des Truffes de première qualité par leur chair ferme et la suavité de leur arome. Beaucoup admettent que les Truffes du Charme ont un parfum rien moins qu'agréable, mais, ici encore, je pense qu'on a pris souvent la Truffe musquée pour la Truffe noire. On pourrait même, généralisant cette dernière observation dans une certaine mesure, dire que beaucoup des reproches faits aux essences forestières, et même à certaines localités, tiennent moins à celles-ci qu'aux espèces de Truffes, souvent confondues. C'est ainsi que les Truffes de Brantôme, en Périgord, moins estimées que celles de localités voisines, ont ordinairement, mêlées à la Truffe noire, bon nombre de Truffes musquées ou même de Truffes sauvages et de Truffes blanches.

L'*âge des arbres* truffiers influe, sinon sur le parfum, du moins sur le volume des Truffes. Il est d'observation commune, surtout dans les pays à truffières artificielles, que les jeunes Chênes ne donnent que de petites Truffes; ce n'est qu'à l'âge de 8 ou 10 ans qu'ils donnent des tubercules de grosseur moyenne.

La *taille* des espèces forestières a donné lieu à une remarque non sans analogie avec la précédente, savoir, que les plus petites de ces espèces ne donnent que de petites Truffes : tels sont le Chêne Kermès, et l'Épine noire ou Prunellier.

La *culture* a sur le volume et principalement sur la forme des Truffes une action généralement admise. Les Truffes les plus rondes et les plus volumineuses se rencontrent dans les vignes et les champs en bordures de bois ou contenant çà et là quelques arbres truffiers, dans les truffières artificielles soumises à des labours périodiques. C'est là un fait si bien reconnu que, dans les pays où les bois sont affermés à des truffiers, ceux-ci mettent ordinairement dans leurs conditions que le propriétaire donnera un labour annuel, ou tout au moins bisannuel, aux truffières.

En opposition à ce qui précède, on constate que les terres dures et rocheuses produisent des Truffes plus petites et plus irrégulières, circonstance qui leur fait perdre beaucoup de leur valeur marchande.

L'ameublissement du sol est donc, comme on le comprend aisément, favorable au développement complet et régulier de la Truffe.

L'*époque* de l'*année* est-elle à considérer quant aux qualités de la Truffe? Les premières récoltes, qui ont lieu en novembre, portent généralement sur les Truffes les plus superficielles, les dernières, en janvier, février et mars, sur celles plus profondément engagées dans le sol. Or ce sont celles-ci, soit en raison du siége même qu'elles occupent, soit parce qu'elles ont éprouvé du froid une influence bienfaisante, qu'on s'accorde à regarder comme les meilleures. On sait, d'ailleurs, que la Truffe noire ne doit se récolter qu'après les premières gelées : auparavant *elle n'est pas faite.*

Mais si la Truffe semble ne pouvoir développer tout son arome, acquérir toute sa maturation que sous l'influence *des gelées*, elle est cependant perdue si le froid est assez intense pour la frapper de congélation.

Le *mode de récolte* influe, à son tour, sur la qualité, en ce sens que la recherche de la Truffe à la pioche, sans chien ni cochon, donne mélangées aux Truffes mûres un grand nombre d'autres Truffes qui n'ont pas atteint leur maturité, et sont aussi peu odorantes que peu colorées.

Je termine avec les qualités de la Truffe en insistant sur ce point que la *date de la récolte* a la plus grande influence sur ces qualités. A partir du moment de sa récolte, la Truffe laissée à l'air perd de son arome et de sa fermeté, passant ainsi rapidement d'une qualité d'abord parfaite aux Truffes de qualité inférieure.

XV.

Propriétés alimentaires.

« La Truffe, me disait un jour M. Hervé Mangon, professeur à l'École des ponts et chaussées, nourrit bien et diminue la consommation de la viande dans les pays où elle est commune. Quand j'étais à Carpentras (1), j'en faisais entrer très-utilement de 60 à 90 grammes dans mon régime tant que durait la saison de la récolte, généralement abondante dans les environs. »

« Contrairement à l'idée qu'on s'en forme dans le

(1) Fixé pendant quelques années à Carpentras, comme ingénieur des ponts et chaussées, M. Hervé Mangon y dirigea l'exécution des importants travaux d'irrigation qui ont transformé des plaines arides en de fertiles cultures.

public, la Truffe est un aliment azoté, animalisé, très-nourrissant. Elle peut faire partie avec avantage de l'alimentation usuelle (Martin-Ravel). »

La composition chimique des Truffes (exposée dans l'article qui suit), composition dans laquelle entrent, pour une proportion notable, l'azote, principe essentiellement animalisé et aliment plastique, des matières grasses et de la mannite, aliments respiratoires comme la fécule (autrefois signalée dans la Truffe par Bouillon-Lagrange) et le sucre, des acides végétaux (citrique et malique) et un principe odorant volatil ayant au moins des qualités condimentaires, plus des sels minéraux très-utiles à l'économie, rend parfaitement compte des propriétés essentiellement réparatrices qu'on s'accorde chaque jour davantage à leur reconnaître.

Mais les propriétés alimentaires de la Truffe seraient-elles, comme on se plaît à le répéter, beaucoup moins sur des observations propres que pour dire comme les autres, contre-balancées par des qualités échauffantes de nature à limiter la consommation du délicieux champignon? La Truffe serait-elle d'une digestion difficile?

Sans doute que si, après de bons et gros dîners, comme ceux qui, sur les tables de luxe, précèdent l'apparition de la Truffe, on ajoute à la charge et au travail de l'estomac de 100 à 200 grammes de Truffes, on ne rendra pas sa digestion plus facile, ce qui arrivera, au contraire, par l'usage d'une petite quantité de celles-ci, dont l'arome est un doux excitant. Mais il en sera tout autrement si la Truffe entre dans le régime au lieu et place d'autres aliments. Je pourrais citer ma propre expérience, rendue très-complète dans le cours d'un voyage de près d'un mois dans les pays truffiers, voyage à la suite duquel je n'ai pu reconnaître comme fondé aucun des reproches faits à la Truffe; mais mon témoignage s'efface devant celui de Louis XVIII, ce roi de si grande compétence gastronomique, et pour qui la saison des Truffes durait toujours.

— Que pensez-vous des Truffes? demandait-il un jour à son médecin Portal; je gage que vous les défendez à vos malades. — Mais, Sire, je les crois un peu indigestes. — « *Les Truffes, docteur, ne sont pas ce qu'un vain peuple pense*, » répliqua le roi, tout en dépêchant un gros plat de Truffes sautées au vin de Champagne.

Qui ne sait, d'ailleurs, que le docteur Malouet en dévorait 1 ou 2 livres (500 à 1 000 grammes), assurant qu'elles aidaient sa digestion, et que Galien ne s'opposait pas à ce qu'on les mangeât crues. Je ne me suis jamais mal trouvé d'être de l'avis de Louis XVIII, même de celui de Galien.

15.

Et, si parfois les terrines de Strasbourg, de Nérac ou de Toulouse ont pu être indigestes, n'est-ce pas le foie gras, et non la Truffe, qui est le coupable? La réponse ne semble pas douteuse.

XVI.

Composition chimique.

L'analyse de la Truffe a été faite à diverses époques.

La première analyse date de **1803**, elle est due à Bouillon-Lagrange, chimiste distingué pour son temps et professeur à l'École de pharmacie de Paris. Bouillon-Lagrange indiqua dans la Truffe :

1° Des principes odorant et sapide volatils,

2° De la fécule (?),

3° De l'albumine.

Il signala la production d'ammoniaque par la potasse, celle de l'amer de Welter par l'acide nitrique, et il conclut en disant que les Truffes sont *une classe particulière de végétaux animalisés*, proposition qui reste acquise à la science.

Parmentier reconnut que la Truffe fraîche est acide, mais qu'en s'altérant elle passe à l'état alcalin en développant une odeur ammoniacale.

Vergnes, de Martel, a publié sur la constitution

chimique de la Truffe une très-longue dissertation, dans laquelle il passe en revue les effets des divers dissolvants, de la chaleur, etc., mais sans rien ajouter de précis à ce qu'on savait déjà.

Sage, cité par Mérat et de Lens, aurait trouvé dans la Truffe du fer et de l'acide prussique (?) (1).

En 1857, M. Lefort, pharmacien à Paris, indiquait dans la Truffe les matières suivantes :

Principe odorant,

Albumine végétale,

Mannite,

Matière grasse spéciale,

Principe colorant,

Cellulose,

Acides citrique et malique,

Sels minéraux.

Il évalue la proportion de l'azote à 2 ou 3 pour 100, et signale l'absence du sucre fermentescible et de l'acide fumarique, principes qui existent dans le champignon de couche.

M. le professeur Payen, membre de l'Académie des sciences, à qui l'on doit tant et de si impor-

____

(1) Il ne serait pas impossible que des traces d'acide cyan-hydrique prissent quelquefois naissance dans la décomposition des champignons, comme dans celle des animaux.

tantes recherches sur les matières alimentaires, ne pouvait négliger l'analyse de la Truffe. Mais ce savant chimiste n'a pas seulement analysé la Truffe mûre du commerce; il a aussi compris dans ses études cette Truffe lorsque, n'étant pas encore rapprochée de l'époque de sa maturation, elle a sa chair complétement blanche.

On remarque surtout, dans ces analyses comparées de la truffe à l'état blanc et à l'état noir, les deux faits suivants :

1° La Truffe encore blanche est plus azotée que la Truffe arrivée à maturation. Ce qui rentre dans cette loi générale, formulée par M. Payen dans ses belles recherches sur les développements des végétaux, « la proportion des matières azotées est plus grande dans les tissus jeunes ou en voie de formation que dans les mêmes organes arrivés à leur complet développement. »

2° Les matières grasses sont plus abondantes dans la Truffe mûre que dans la jeune Truffe.

J'emprunte au *Précis des substances alimentaires,* avec le tableau suivant, qui nous montre, à côté de l'analyse de la Truffe, celle du Champignon de couche (*Agaricus campestris*) et de la Morille (*Morchella esculenta*), les remarques dont M. Payen le fait suivre.

	CHAMPIGNON de couche.	MORILLE.	TRUFFE blanche.	TRUFFE noire.
Eau.	91.010	90.00	72.340	72.000
Substances azotées et traces de soufre. . . .	4.680	4.40	9.958 (1)	8.775 (2)
Matières grasses (3).	0.396	0.56	0.442	0.560
Cellulose, dextrine, matières sucrées, mannite et autres matières non azotées.	3.456	3.68	15.158	16.585
Sels (phosphates, chlorures alcalins, calcaires et magnésiens), silice.	0.458	1.36	2.102	2.080
	100.000	100.00	100.000	100.000

(1) Déduites d'azote 1,532.
(2) Déduites d'azote 1,350.
(3) Oléine, margaricine, agaricine, suivant M. Gobley.

« A l'inspection du tableau précédent, on remarque d'abord que la matière azotée est fort abondante dans tous ces champignons ; elle équivaut relativement à 100 des champignons desséchés ; pour les champignons de couche, à 52 pour 100 ; pour les morilles, à 44 centièmes ; pour les Truffes blanches, à 36 centièmes ; enfin, pour les Truffes noires, à 31 centièmes. Entre ces deux dernières analyses, les principales différences consistent dans une plus forte dose de matière azotée et une moindre proportion de substance grasse dans les Truffes blanches que dans les Truffes noires. On comprendrait que la substance aromatique, ou l'essence odorante, accompagnant les dernières quantités de matières grasses sécrétées, en même temps que les organes reproducteurs bruns se forment, la cause de l'arome le plus prononcé dépendît de ces deux phénomènes de la maturation. Pour essayer de s'en assurer, il faudrait extraire les spores et les analyser à part ; ce serait une intéressante étude, que j'entreprendrai peut-être, mais qui n'a pas encore été faite à ce point de vue. (Payen, *Précis des substances alimentaires,* 4ᵉ édition, p. 397.) »

Les Truffes, traitées par la chaleur, dégagent d'abondantes vapeurs ammoniacales, comme le font les matières animales.

Leur composition rend bien compte de leurs qualités alimentaires. Elles constituent, en effet, un aliment essentiellement réparateur, complet, représentant la viande, ou l'aliment plastique par leurs matières azotées, et l'aliment respiratoire par leurs matières grasses et leurs principes sucrés (1).

On rapprochera utilement, des analyses de M. Payen, les suivantes, qui les complètent, surtout au point de vue de la composition, ici détaillée au lieu d'être sommaire, des éléments minéraux (2).

A. — *Truffes de Cahors.*

On a trouvé dans ces Truffes 76,60 pour 100 de leur poids en eau.

(1) L'*Elaphomyces*, genre voisin du *Tuber*, a été étudié dans sa composition : par Trommsdorf, qui a signalé, dans l'*Elaphomyces granulatus* de l'osmazôme, une résine molle, une matière colorante, de l'huile volatile et de l'huile grasse, du sucre (?) de champignon, de la gomme, du mucilage, de l'ulmine; et par M. Bouchardat, qui aurait reconnu dans l'*Elaphomyces aculeatus* une matière extractive azotée, une résine molle et une résine solide, de l'huile volatile et de l'huile fixe, de la mannite, de la gomme ou dextrine, de l'ulmine et de la fungine.

(2) Je dois ces analyses au concours plein d'obligeance de MM. Hervé Mangon, directeur, et Durand-Claye, sous-directeur des laboratoires de l'École des ponts et chaussées.

Elles renferment donc :

Eau............ :	76,60
Matière sèche.	23,40
	100,00

La matière sèche se compose des éléments suivants :

	Sur 100 de matière sèche.	Sur 100 de truffes.
Produits volatils ou combustibles, non compris l'azote.	86,75	20,30
Azote,.	7,16	1,68
Cendres.	6,09	1,42
	100,00	**23,40**

Enfin les cendres ont fourni à l'analyse la composition ci-dessous :

	Sur 100 de cendres.	Sur 100 de matière sèche.	Sur 100 de truffes.
Acide phosphorique. .	27,40	1,67	0,39
Acide sulfurique.	2,52	0,15	0,04
Potasse...........	28,34	1,73	0,40
Soude.	6,30	0,38	0,09
Magnésie.........	7,63	0,47	0,10
Chaux.	8,26	0,50	0,12
Acide carbonique et produits non dosés.	19,55	1,19	0,28
	100,00	**6,09**	**1,42**

B. — *Truffes de Nérac.*

Vu la petite quantité de Truffes (38 grammes, n'ayant donné que 0,47 de cendres, soit 1,24 pour 100 de Truffes) dont on a pu disposer, trois éléments seulement, mais choisis parmi les plus importants, ont été dosés. Voici les résultats de cette analyse, qui tire surtout son intérêt de cette circonstance, que les Truffes provenaient d'un sol arénacé ne dosant sur 100 parties que 0,65 de carbonate de chaux :

	Sur 100 de cendres.	Sur 100 de Truffes.
		Gr.
Acide phosphorique.	33,50	0,415
Chaux.	8,30	0,103
Potasse.	25,00	0,310

Les analyses minérales de la Truffe, comparées à l'analyse du sol, seront continuées.

XVII.

Ennemis des Truffes.

L'homme n'est pas seul à trouver que les Truffes sont un aliment agréable ; un grand nombre d'animaux partagent ses goûts et lui disputent le précieux tubercule. A la lettre, ces animaux ne sont pas plus que nous les ennemis de la Truffe, qu'ils aiment, au contraire, beaucoup. Parmi eux on compte :

Le porc, dont nous faisons tourner à notre profit le goût prononcé qu'il a pour la Truffe et sa grande habileté à la découvrir ; le chien, moins friand de Truffes que le porc, mais aussi bon chercheur ; le sanglier, le cerf, et, dit-on, le chevreuil, le blaireau, le renard, la martre, les écureuils, les loirs, les souris, les mulots, le chat (?), parmi les mammifères ;

Le faisan (1) et la poule domestique, chez les oiseaux ;

Les limaces, parmi les mollusques ;

Les cloportes, parmi les crustacés ;

Les iules et les scolopendres parmi les myriapodes ; et dans les insectes proprement dits, de nombreux diptères : *Helomyza tuberivora, H. penicillata, H. lineata, H. pallida, H. ustulata* (et un

(1) Je viens de semer des glands trufflers dans un bois assez peuplé de faisans. S'il se produit des truffières, il sera intéressant de constater la qualité que pourrait prendre la chair des faisans se nourrissant des Truffes les plus voisines de la surface du sol. L'expérience serait d'ailleurs plus simple et plus sûre en faisant entrer des déchets de Truffes dans l'alimentation de faisans (ou de poulets) de volière.

autre *Helomyza* (Laboulbène), de couleur jaune, observé par M. Tulasne sur les *Tuber œstivum* et *T. mesentericum* du bois de Vincennes); *Curtonevra stabulans; Anthomyia canicularis, A. belepharipteroides; Cheilosia mutabilis* (?); *Phora pallipes; Sciaria ingenua.* Toutes ces mouches habitent dans le voisinage des Truffes, dont leurs larves se nourrissent.

Quelques insectes coléoptères, savoir : des *Anisotoma* et surtout l'*A. cinnamomea,* petit insecte de couleur cuivrée, qui cause de grands ravages dans les truffières, attaquant les Truffes vers l'époque de leur maturité, et continuant ses déprédations même après la récolte, caché dans les galeries qu'il s'est creusées (1); des *Bolboceras, Rhizotrogus (Melontha solstitialis), Phylloperta (Melontha horticola), Homalota, Gibbium,* un *Tenebrio,* le Bostryche capucin (*Apate capucina*), et un lépidoptère, du genre des teignes (trouvé par M. Tulasne, à Vincennes, sur les Truffes d'été et les mésentériques), sont aussi trufficoles.

(1) J'en ai compté jusqu'à 22 dans une Truffe de moyenne grosseur. M. A. Passy m'assure que le parfum qui s'exhale des Truffes rongées par l'*Anisotoma* les fait mieux découvrir par les chiens que celles restées intactes.

Qu'il nous soit permis de le répéter, aucun de ces insectes n'est galligène, et c'est bien gratuitement que les partisans de la Truffe-galle appuient sur eux leurs théories.

Il faut citer encore, parmi les ennemis des Truffes, une mucédinée que j'ai observée dans les truffières du Poitou.

Je ne terminerai pas sans dire que le plus grand ennemi de la Truffe, c'est la pioche ou, ce qui est pire, la bêche des truffiers-braconniers.

XVIII.

Fraudes.

1° Dans les contrées à terre forte ou argileuse, une fraude habituelle consiste à faire des Truffes rondes avec des Truffes irrégulières dont les sinus ou anfractuosités sont remplis de cette terre. Cette fraude a, aux yeux de ceux qui la pratiquent, deux avantages, ajouter au poids de la Truffe et faire d'une Truffe irrégulière une Truffe en apparence ronde, devant perdre en apparence beaucoup moins à l'émondage.

Les négociants en Truffes éventent aisément cette fraude, ainsi que celle consistant à fabriquer, avec de petites Truffes, des épines ou des épingles et de l'argile, de grosses et belles Truffes d'une grande valeur vénale. Mais les consommateurs qui achètent directement des rabassiers sont quelquefois victimes de ces supercheries.

2° Une autre catégorie de fraudes, d'autant plus largement pratiquée que ceux qui s'y livrent peuvent s'abriter au besoin sous une apparente bonne foi, en prétendant une fausse ignorance, consiste à laisser mélangées à la vraie Truffe noire les espèces de valeur secondaire qui ont pu être récoltées en même temps qu'elle. Ici encore, les négociants sont préservés par leur expérience et par la crainte qu'ont les truffiers de se fermer un marché, mais les particuliers ne sont que plus trompés, puisqu'on réserve à leur adresse les mauvaises Truffes qu'on hésite à présenter aux négociants en gros.

La fraude est surtout facile avec la Truffe rousse (*Tuber rufum*), avec la vraie Truffe musquée (*Tuber brumale*), qui est noire en dehors et au dedans presque à l'égal de la Truffe noire, mais que l'on peut distinguer à son odeur forte et spéciale, ainsi qu'à sa marbrure, plus rare et plus grosse; elle l'est moins avec la Truffe blanche, à odeur faible, et dont l'enveloppe noire et diamantée il est vrai, mais fragile et mince, est souvent détruite sur quelques points dans l'opération même de la récolte, et cède dans tous les cas au moindre effort, laissant à découvert la chair blanche et mollasse qu'elle recouvrait, et qu'on pouvait déjà reconnaître à la pression du doigt.

La fraude n'est enfin possible avec la Truffe sauvage ou nez de chien, à enveloppe presque lisse et de couleur fauve, qu'à la faveur de l'argile dont toute cette enveloppe serait revêtue, et qu'on négligerait tout à fait de mettre à nu ; mais en ce cas même l'odeur particulière et désagréable devrait mettre à l'abri de l'erreur.

3° Les Truffes ayant subi la gelée se reconnaîtront à la perte de leur odeur, à leur coloration interne passée du noir au gris foncé, à l'eau que rend la cassure à la pression du doigt ; leur ramollissement est d'ailleurs assez rapide. Les Truffes vendues en janvier et février 1868 avaient été gelées pour la plus grande partie.

XIX.

Conservation. — Altérations.

Les procédés de conservation sont variés. Le meilleur sans contredit est celui d'Appert, appliqué à Périgueux par MM. La Salvetat, à Carpentras par

MM. Rousseau, Bonfils, etc., à Montagnac par M. Ravel, à Cahors par M. Taillades, etc., et nécessaire pour les conserves destinées à l'exportation (1).

On recommande aussi la conservation des Truffes soit crues et simplement nettoyées, ou nettoyées et mondées de leur *pelure,* soit préalablement cuites dans les corps gras ou le vin blanc aromatisés, sous une couche d'huile d'olives, de beurr_, de saindoux, de miel (Amoreux), du sirop très-cuit (Vergnes), de vinaigre (Olivier de Serres), d'eau salée. Elles se conservent assez longtemps dans la glycérine, surtout après leur cuisson.

Quelques personnes ont recours à l'enrobage des Truffes par leur immersion momentanée et successive dans deux solutions de gomme arabique, de gélatine ou d'ichthyocolle.

Quelques-uns les soumettent à la dessiccation après les avoir coupées en lames minces, pratique surtout appliquée à la Truffe blanche d'été et à la grosse Truffe blanche d'Italie. A Romans (Isère), on se

(1) M. Ravel regarde comme très-mauvais les procédés par le vinaigre et la saumure, tandis que celle-ci est préférée pour les Truffes gelées par M. Ch. Fr. Chevet, qui recommande de tenir au fond de l'eau fraîche les barils de conserve à l'huile.

contente de couper les Truffes en quatre avant de les sécher.

En Italie les Truffes desséchées sont parfois réduites en poudre.

Pour une conservation de huit à quinze jours seulement, on peut mettre simplement les Truffes dans des baquets d'eau froide souvent renouvelée, comme je l'ai vu pratiquer à Carpentras et à Périgueux.

Dans le sable sec ou une terre légère (telle que la terre effritée des truffières), dans le poussier de charbon, les Truffes peuvent, assure-t-on, se conserver un ou même deux mois; et, si ce sable est renfermé dans une boîte fermée, le parfum de la Truffe s'exalte, au dire de Borel-Faure, plutôt qu'il ne s'affaiblit.

J'ai fort bien conservé, durant trois semaines, des Truffes dans de l'argile séchée et pulvérisée; il est vraisemblable qu'elles se fussent gardées beaucoup plus longtemps dans cette poudre qui les abrite contre l'humidité extérieure en même temps qu'elle en dessèche la surface.

La Truffe se conserve, d'ailleurs, plus longtemps lorsqu'elle a été récoltée par un beau temps et par les vents d'est ou de nord-est que si la récolte en est faite par un temps pluvieux ou par les vents de sud-ouest.

La chaleur hâte son altération, et il en est de même de la gelée. La Truffe résiste bien d'ailleurs à un froid de 5 à 6 degrés, et même à un froid plus considérable, si elle est sèche ou dans un sol sain. La gelée enlève à la Truffe son odeur, affaiblit sa coloration, et hâte sa décomposition putride.

L'altération des Truffes, qu'elle soit précédée par la gelée ou non, donne pour produits constants des composés ammoniacaux, comme l'indique le seul odorat, et l'établissent les essais chimiques. Ce sont aussi des vapeurs ammoniacales qui dominent, on le sait, dans leur décomposition par la chaleur en vases clos. J'ai, d'ailleurs, plusieurs fois constaté, dans des conserves de Truffes en voie d'altération, la production d'une odeur tout à fait semblable à celle du gibier très-faisandé (1), ce qui conduit à cette remarque que dans leur altération putride (comme peut-être par leurs qualités alimentaires) les Truffes se rapprochent plus de la viande de gibier que de la viande de boucherie.

En résumé, la Truffe peut être conservée : une ou

____

(1) Une très-suave odeur de gibier faisandé s'est en particulier développée chez des Truffes que j'avais placées (crues) dans un vase ouvert contenant de la glycérine.

plusieurs années par la méthode d'Appert (1); plusieurs mois en la plaçant soit crue, soit mieux plus ou moins cuite et encore chaude, dans les liquides, corps gras, glycérine, etc., qui la soustraient à l'action de l'air; un mois et plus dans de la terre sèche ou du sable; de quinze à vingt jours, quelquefois plus, suivant la saison, simplement disposée dans des paniers à claire-voie; mais ce n'est pas sans perdre de leur parfum, qui est au maximum au moment de la récolte (2).

XX.

Préparations dont la Truffe est la base.

On ne saurait trouver dans cet écrit un chapitre sur les emplois variés de la Truffe dans l'art culinaire; cependant

(1) Les conserves de Truffe destinées à l'Amérique son mises dans des vases de fer-blanc; celles qui doivent rester en Europe, dans des bouteilles en verre.

(2) Ceci explique pourquoi les volailles truffées sur les lieux mêmes de la production truffière seront, circonstances égales d'ailleurs, toujours supérieures à celles préparées ailleurs par les maîtres d'hôtel les plus habiles.

je consignerai trois recettes que j'ai retenues d'une conversation avec M. Ch. Fr. Chevet (1) :

1° *Truffes en chemise.*—On enveloppe chaque Truffe, qu'accompagneront un peu de sel, d'ail, d'échalote, un quart de feuille de laurier et un peu de thym, d'un papier huilé, au-dessus duquel on placera successivement trois autres papiers semblables. Autour de cette quadruple enveloppe huilée, on on disposera une cinquième formée d'un papier mouillé. On fera cuire trois quarts d'heure sous la cendre chaude, pour servir chaud avec du beurre.

2° *Truffes au vin de Champagne.* — On fera cuire, pendant trois quarts d'heure, dans le vin de Champagne, 1 kilog. de Truffes avec deux carottes coupées chacune en quatre parties, et un sachet (pouvant servir plusieurs fois), du poids de 40 grammes, composé avec les matières suivantes : sel, poivre, piment, muscade, macis, girofle, gingembre et cannelle.

3° *Fondue de Truffe blanche du Piémont.* — Les Truffes, coupées en un fin émincé, sont cuites à l'huile avec sel, mignonnette, jus de volaille; suc de citron à la fin.

XXI.

Bibliographie.

Ans.

1620 avant J. C. Moïse, *Genèse* (le dudain des Hébreux serait la truffe, suivant Ludovicus).

(1) Le fondateur de la célèbre maison du Palais-Royal.

Ant.

60 de l'ère chrétienne. Pline le Naturaliste, liv. XIX, chap. III.

70. Dioscoride, *Mat. medic.*

420. Théophraste, *Hist. plant.*

1554. Matthiole. *Comment. Dioscor.*

1561. Ciccarellus, *De tuberibus opusculum.* Mevania.

1603. Daniel Ludovicus, *La truffe.*

1693. T. Robinson, *An account of the tubera terræ or truffes,* in *Transact. philosoph.*

1699. Dumont, *Voyage en France et en Italie.*

1700. Tournefort, *Institut. rei herbariæ.*

1711. C. J. Geoffroy, *Observ. sur la végét. des truffes,* in *Mém. Ac. sc.*

1720. Bruckmann, *Specim. botanicum exhibens fungo subterraneo.* Helmstaedt.

1720. J. P. Wolff, *De tuberibus terræ esculentis, seu trifoliis,* in *Act. Ac. nat. curios.,* VIII.

1730. (?) Micheli, in *Nov. pl.,* etc. Florence.

1738-1740. Réaumur, *Mémoires pour servir à l'hist. des insectes,* IV et V.

1764. Peunier, *Dissertation physico-médicale sur les truffes.* Avignon, in-12.

1771. Fontenelle, *Hist. de l'Acad. des sciences,* p. 39.

1776. J. B. Vigo, *Tubera terræ carmen.* Taurini.

1780. Comte de Borch, *Lettres sur les truffes du Piémont,* in-8°, figures.

1781-1793. Abbé Rozier, *Cours complet d'agriculture.*

791. Bulliard, *Dissertation sur les truffes,* in *Hist. des champignons de la France,* I, 73.

1793. Paulet, *Traité des champignons.*

Ann.

1796. Pounier de Longchamps, *Dissertation sur les truffes.*

1809. Bouillon-Lagrange, Analyse, in *Annales de chimie,* p. 191.

1809. Parmentier, *Expér. et observat. sur la truffe comestible,* in *Bulletin de pharm.*

1810. Vergne, pharmacien à Martel (Lot), *Histoire naturelle de la truffe;* avec une analyse chimique. Sarlat, imprimerie de Thévenin.

1811. Carôme, *Pâtissier parisien,* p. 424-425.

? Marsigly, *Dissertation sur les truffes.*

1812. Calvet, *Bibl. phys. économ.,* 1.

1813. Amoreux, *Opuscules sur les truffes de Ciccarellus,* traduction avec notes. Montpellier.

1826. Vaignie, Notice sur les truffes, in *Gazette de santé,* VII, in-4°.

1826. Bornholz (A.), *De la culture des truffes,* etc., traduit de l'allemand par Pegger.

1829. A. Martin, *Manuel de l'amateur de truffes.* Paris.

1831. Vittadini, *Monographiæ tuberarum.* Mediolani, in-4°, figures.

1836. Moynier, *Traité complet de la truffe.* Paris, Barba, in-8 de 404 p.

1836. Mérat et de Lens, *Dict. de mat. médic.,* VI et VII.

1838. Brillat-Savarin, *Physiologie du goût.* Paris.

1839-1840. Léon Dufour, *Insectes tubérivores,* in *Ann. des sciences naturelles.*

1839. *Diction. de la conversation,* XLI.

1841. Léveillé, in *Ann. sc. nat.,* 2ᵉ série, XVI.

1842. Bouteille, *Comptes rendus de l'Acad. des sc.,* XIV.

1847. Robert (B.), *Comptes rendus de l'Acad. des sc.,* XXIV.

194 BIBLIOGRAPHIE.

Ans.

1848. Léveillé, in *Diction. d'hist. nat.* de d'Orbigny, XII.

1850. Ad. Brongniart, *Comptes rendus de l'Académie des sciences*, XXIX, p. 876.

1851. L. R. et C. Tulasne, *Fungi hypogæi*.

1851. Comte de Noé, *Lettre à Vilmorin*, in *Bull. Soc. bot.*, t. II.

1851. Léveillé, *Dictionnaire des sciences naturelles*, art. Mycétologie.

1856. De Gasparin, *Journal d'agriculture pratique*, V, p. 175.

1857. Martin Ravel, *Culture de la truffe*, 2 brochures in-8°. Paris, imprimerie de W. Remquet.

1857-1868. Jacques Valserre, articles dans la *Presse* et le *Constitutionnel*.

1857. Lefort, Analyse, in *Comptes rendus de l'Acad. des sciences,* XLIV, et *Journal de pharmacie et de chimie,* XXXI.

1857. Loubet, *Bulletin de la Soc. d'agric. de Vaucluse*, VI.

1840-1860. Plée, *Types de chaque famille et des principaux genres des plantes*, pl. III et texte.

1863, 1865, 1867. Journal *le Sud-Est*. Grenoble.

1864. Laboulbène, *Insectes tubérivores*, in *Annales de la Société entomologique de France*.

1866. Bressy, *Bulletin de la Société d'agric. de Vaucluse*, XV, 1866.

1866. Bedel, Blanchard, marquis des Isnards, Loubet, *Rapports sur les truffes de M. Rousseau.* Carpentras.

1867. Jourdeuil, in *Journal de l'agriculture*.

1869. Guitteau, *Truffes et truffières de la Vienne.* Poitiers (mémoire en publication).

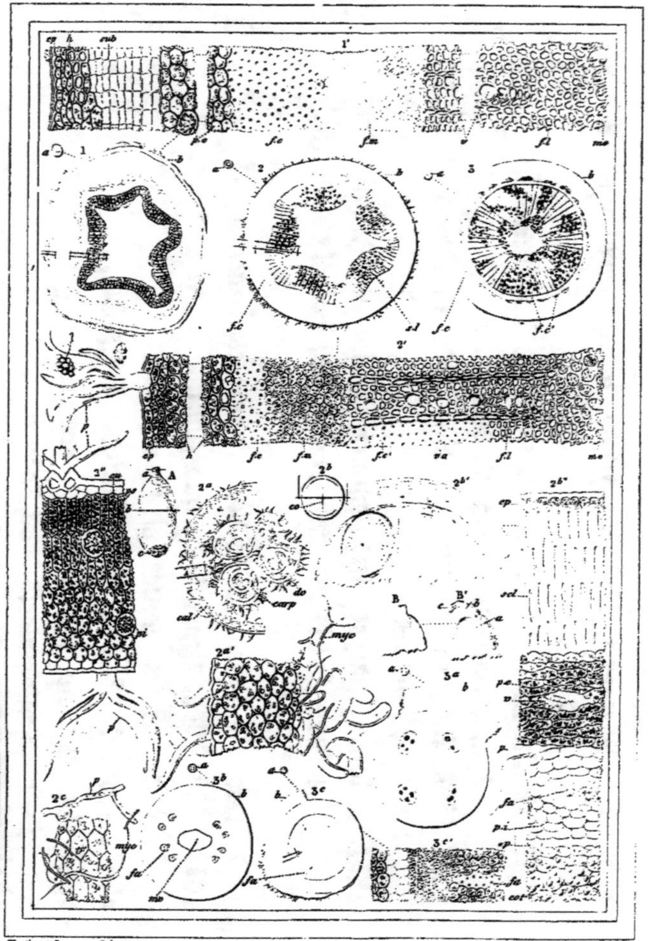

Chatin et Lagesse del. *Lagesse sc.*

1 QUERCUS PUBESCENS. 2. A. Q. ILEX. 3. B. Q. PSEUDO-ILEX.

XXII.

Explication des planches.

PLANCHE 1.

Fig. 1-1''''. Truffe noire (*Tuber melanosporum*) que traverse une racine de graminée. L'anatomie démontre que cette racine, blanche et encore vivante au moment où la truffe a été récoltée, est simplement entourée par les tissus de la truffe moulés autour d'elle, mais ne la pénétrant pas, ni réciproquement. — 1. Vue de la truffe entière et de la racine qui la traverse. — 1', une portion de la truffe figurée en 1'a été excisée, suivant un plan qui divise la racine elle-même dans le sens de sa longueur : *a*, portion de la chair, sensiblement grossie dans la figure 1''; *e*, portion de racine et de la chair de la truffe très-grossie en 1'''; r_1 la racine ou corps étranger. — 1'', portion de la chair de 1' grossie : *p*, la pulpe ou chair dans laquelle les points bruns représentent les sporanges; *v*, les veines blanches traversant la chair qui est colorée en bleu noir par les spores. — 1''', portion de 1', prise en *e*, et très-grossie : *pa*, parenchyme; *sp*, sporanges contenant de deux à quatre spores, rarement cinq à six; *c*, *f*, *v*, tissus de la racine; *c*, le parenchyme cortical; *f*, fibres ponctuées (passant insensiblement aux cellules du parenchyme); *v*, gros vaisseau ponctué réticulé. — 1'''', une spore plus grossie. — 1^r, coupe transversale grossie de 1'' en *r*. On voit que les vaisseaux sont disposés sur un cercle dans le corps ligneux.

2-2r″. Truffe et racine de Chêne engagée. — 2, truffe dans laquelle la racine (*r*) a son extrémité seule engagée; la truffe a été excisée pour montrer le point où s'arrête la racine. Celle-ci, depuis longtemps détachée de l'arbre, était morte et constituait un véritable séquestre ou corps étranger dans la chair de la truffe. — 2r, coupe grossie de la racine. — 2r′, portion de 2r plus grossie. — 2r″, segment de 2r′ encore plus grossi : *s*, enveloppe subéreuse, brunâtre dans sa moitié externe; *p*, parenchyme cortical, dont quelques utricules renferment une substance blanche gommoïde ou des cristaux; *sc*, quelques cellules scléreuses mêlées aux fibres corticales (*f. c*); *fm*, fibres minces ou cellules étroites et allongées de la couche périxyle; *lig*, corps ligneux dans lequel on distingue : *v*, les vaisseaux; *r.m*, les cellules des rayons médullaires; *f.l*, les fibres ligneuses ou fibres du bois.

3-3″. Truffe blanche d'hiver (*Tuber hiemalbum*).— 3, une truffe blanche dont le peridium (noir) est en partie tombé, laissant voir la chair blanche qu'il recouvrait. — 3′, une lame, plus grossie, de 3; *ve*, veines traversant la masse charnue. — 3″, segment de 3′ encore plus grossi : *p*, utricules du peridium; elles ont une coloration brun noir comme celles du peridium de la truffe noire; *myc*, une utricule peu colorée et ne tenant au peridium que par une extrémité. Cette utricule n'est-elle pas un reste du mycelium? *sp*, sporanges dans lesquelles on observe ordinairement de deux à quatre spores faiblement colorées; les sporanges manquent dans la portion du parenchyme voisine du peridium. — 3‴, une spore très-grossie; elle rappelle, par sa forme géné rale et ses papilles, celle de la truffe noire, mais sa coloration est très-faible.

4-4'''. Truffe musquée (*Tuber brumale*). — 4, Truffe dont on a retranché une portion pour en faire voir l'intérieur. — 4', segment de 4, plus grossi, montrant bien le peridium double, l'externe brun-noir, l'interne blanchâtre. — 4'', segment de 4' plus grossi : *p.e*, peridium externe; *p.i*, peridium interne; *pa*, parenchyme ou chair; *sp*, sporanges dans lesquelles on compte d'une à six spores de couleur brune.— 4''', une spore grossie; sa surface est aréolée-papilleuse, à papilles subarrondies en pis de vache.

5-5'''. Truffe fauve, truffe marron, nez de chien (?), truffe sauvage de Romans (*Melanogaster variegatum?*). — 5, truffe dont une portion a été enlevée pour montrer l'épais peridium et les veines, grosses mais rares. — 5', segment de 5 grossi. — 5'', segment de 5' plus grossi : *p.e*, peridium externe, de couleur fauve; *p.i*, peridium interne, blanchâtre; çà et là on y voit quelques sporanges; *pa*, parenchyme composé d'utricules assez grosses; *sp*, les sporanges. — 5''', une sporange très-grossie.

PLANCHE 2.

1-1'. Chêne pubescent truffier (*Quercus pubescens*). — 1, coupe transversale d'une pousse de l'année (cueillie à Montagnac en février 1868) : *a*, grosseur naturelle; *b*, coupe grossie. — 1', segments de 1 plus grossis : *ep*, utricules de la couche épidermique; *h*, couche herbacée dans laquelle sont comprises des utricules sans granules et à parois épaissies: *sub*, la couche subéreuse; *p.c*, le parenchyme cortical, quelques cellules contiennent des cristaux; *f.c*, fibres corticales

ou libériennes disposées en une couche continue et festonnée ; *f.m*, fibres minces de la couche périxyle, les plus in-
ternes contiennent de fins granules ; *v*, les vaisseaux du bois ;
f.l, les fibres ligneuses ; *me*, la moelle, dont les utricules
contiennent des grains d'amidon.

2-2''. Chêne vert (tomenteux) truffier (*Quercus Ilex*). —
2, coupe transversale (d'un rameau de l'année cueilli en
février 1868 à Carpentras) : *a*, grosseur naturelle ; *b*, coupe
grossie ; *f.c*, couche de fibres libériennes ou corticales ;
s.l, système ligneux. La moelle, régulièrement étoilée, rappelle bien par sa forme la disposition quintisériée des feuilles
du rameau ; les extrémités des rayons de l'étoile répondent
à des parties de la couche ligneuse où des fibres libériennes
remplacent les vraies fibres ligneuses. — 2', segments de 2
plus grossis : *p*, poil composé? agrégations d'utricules (*quid*)?
attachées au poil ; *ep*, cellules épidermiques ; *h*, couche herbacée ; *f.c*, fibres corticales ou libériennes ; *f.m*, fibres minces
de la couche périxyle ; *f.c'*, fibres de nature libérienne se
substituant, dans le système ligneux, à une portion des fibres
ligneuses ; *v*, vaisseaux ; *f.l*, vraies fibres ligneuses ; *me*, cellules médullaires ; elles sont à parois ponctuées, quoique
plusieurs d'entre elles contiennent cependant quelques grains
de fécule. — 2'', coupe transversale et très-grossie d'une
portion du parenchyme de la feuille ; *p*, poils ; *cu*, épaisse
cuticule de l'épiderme supérieur ; *p.s*, parenchyme supérieur ; *p.i*, parenchyme de la face inférieure ; des agglomé-
rations de cristaux rhomboédriques existent dans quelques
cellules des diverses parties du parenchyme.

Les feuilles du Chêne vert glabre manquent de poils ou
n'en présentent que de rares et simples ; la cuticule y est
aussi épaisse à la face inférieure qu'à la face supérieure.

3. Chêne vert (glabre) truffier (*Quercus pseudo-Ilex*). —
3, coupe transversale de la tige : *a*, grosseur naturelle ;
b, coupe grossie montrant : *f.c*, couche (festonnée) des fibres
libériennes ; *f.c'*, fibres libériennes disposées par masses irrégulières dans le système ligneux.

La tige du *Quercus pseudo-Ilex* se distingue bien de celle
de la vraie Yeuse par les poils de sa surface rares et simples ;
par la disposition irrégulière, dans le corps ligneux, des fibres
de nature libérienne ; par la moelle plus petite et moins régulièrement rayonnée. D'autres différences spécifiques sont
fournies par l'anatomie des feuilles.

A, 2ᵃ, 2ᵇ, 2ᶜ. Chêne Yeuse, anatomie du fruit. — A, un
gland de Chêne Yeuse : *a*, le sommet ; *b*, le milieu ; *c*, la
base du gland. — 2ᵃ, coupe grossie, du sommet du gland A,
en *a* : *cal*, le calice en partie détruit ; *carp*, le sommet des
carpelles, ordinairement au nombre de quatre, dont un,
deux parfois, avortés ou rudimentaires ; poils nombreux sur
toutes ces parties ; *do*, faisceau fibro-vasculaire dorsal. —
2ᵃ', segment de 2ᵃ, pris au calice, et plus grossi : *myc*, mycelium d'une mucédinée parasite. (Ce mycelium, développé sur
un gland placé dans la terre humide, ne paraît pas être celui
de la truffe.) — 2ᵇ, coupe transversale du gland A en *b* :
co, la commissure des deux cotylédons. — 2ᵇ', portion
de 2ᵇ plus grossie. — 2ᵇ'', segment de 2ᵇ' encore plus grossi :
ep, l'assise épidermique ; *scl*, épaisse couche de tissu sclé-
reux formant au gland une enveloppe solide ; *p.e*, parenchyme externe ou herbacé ; *v*, faisceau de vaisseaux dans le
parenchyme ; *p*, poils marquant la limite des enveloppes du
gland appartenant au calice (?) ; *fa*, faisceau fibro-vasculaire
engagé dans le parenchyme interne et constituant avec lui
la portion péricarpienne (?) ; *p.i*, le parenchyme intérieur

des enveloppes ; *sp*, spermoderme représenté par une seule assise de cellules ; *cotl*, la masse cotylédonaire que forme un parenchyme dont les utricules sont remplies de fécule.

2ᵉ, tissus détachés de la base *c* du gland A : *pa*, parenchyme amylacé ; *p*, poil ; *myc*, mycelium (*quid?*) s'étendant à la surface et à l'intérieur du parenchyme amylacé.

B-B', 3, 3ᵃ, 3ᵇ, 3ᶜ, 3'. Embryon d'un gland en germination. — B, portion inférieure de l'embryon dont on a détaché un cotylédon pour faire voir l'attache de l'appendice dit radicule.— B', même portion inférieure d'un autre embryon sur lequel on a fait une coupe divisant longitudinalement les deux cotylédons de façon à montrer la base ou la partie engagée du corps dit radiculaire : *a*, cette base ; *b*, portion moyenne ; *c*, extrémité (poilue) du corps radiculaire. — 3ᵃ, coupe transversale de la base du corps radiculaire : on voit bien, à la commissure médiane (*co*), que cette base est formée par le prolongement des deux corps cotylédonaires non encore confondus ; *fa*, les faisceaux fibro-vasculaires, au nombre de deux dans chaque moitié.— 3ᵇ, coupe de B' en *b*, ou vers la partie moyenne du corps dit radiculaire : *a*, grosseur naturelle ; *b*, coupe grossie ; *fa*, les faisceaux, au nombre de huit, quatre de chaque côté ; *me*, centre médullaire. Ici le corps dit radiculaire est une vraie tige. — 3ᶜ, coupe de B' en *c*, ou vers l'extrémité radiculaire : *a*, grosseur naturelle ; *b*, coupe grossie ; *fa*, faisceaux dans lesquels on ne distingue encore que des fibres libériennes (?) ; la moelle manque ; des poils se voient à la périphérie. Cette extrémité de l'appendice est seule la vraie radicule. — 3ᶜ', portion de 3ᶜ, *fa*, segment d'un faisceau de fibres libériennes.

FIN.

TABLE DES MATIÈRES.

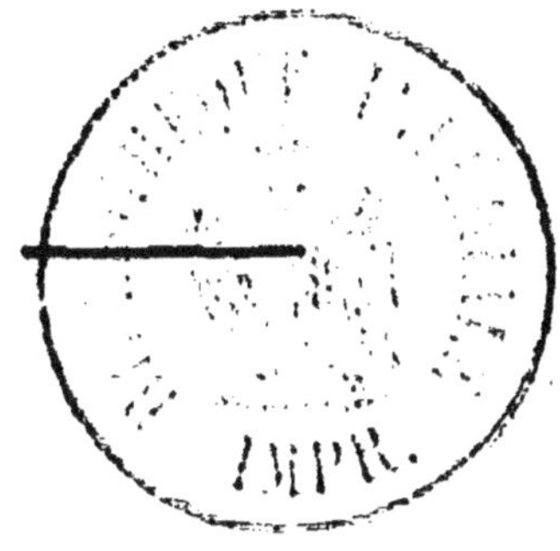

FIN DE LA TABLE.

Paris.—Imp. de madame veuve Bouchard-Huzard, rue de l'Éperon, 5.